逃離
資本家遊戲

溝通執行×交際合作×決策競爭×發展創造

一秒打造完美即戰力，在高科技時代裡不被輕易代替！

目錄

第八章
發展力 —— 職場發展的強者之勢

第九章
創造力 —— 職場發展最寶貴的能力

前言

　　每一個行走在職場上的員工都希望自己成為優秀員工，都希望自己在職場上有所成就，尤其是那些學業成績很好的大學生，進入社會後就更希望自己能夠成功。的確，他們在入職之前已經具備了良好的素養，他們也有理由相信自己能夠成功。但是現實情況卻往往讓人感到很費解。一來並不是只要學業成績優秀就一定能夠獲得成功，事實上，許多人在職場上一直都沒有取得優異的成績；二來並不是所有學業成績並不怎麼出眾的人，就一定不會取得職場成就，事實上，許多人出人意料地在職場上取得了不小的成功。這又是為什麼呢？

　　這是因為現代職場中，不但需要硬能力，更需要軟實力。有些剛畢業初入職場的人，他們的學業成績優異，指的就是硬能力很不錯。硬能力大多指的是從事具體工作中所必備的某些專業技能。這種技能的習得大都可以在大學或專業培訓機構裡獲得，這是一個員工能夠成為合格員工的基礎。一般來說，員工對於自己的專業技能還是很重視的。不過，這裡需要說明的是，不少的員工過分看重了專業技能。不少人認為只要自己的專業技能優秀，就一定能夠在職場上有所成就。然而，事實上，往往不是那麼回事。學業成績好的人，並不是人人都能夠在職場上「春風得意」，有相當一部分人在自我感覺良好中翻身

落馬。這又是為什麼呢？

　　這是因為許多人不具備職場成功人士所必備的軟實力。打個比方，硬能力相當於引擎，而軟實力相當於潤滑油。沒有了引擎自然無法工作，也就談不上職場成功，所以，硬能力是職場發展的基礎。不過，光有硬能力這個「引擎」那也是不行的，如果沒有軟實力這個「潤滑油」的滋潤，這個引擎的性能即便是再先進，也是無法工作很久的。可見軟實力在職場中的重要性。

　　而那些學業成績不是很好的人，如果他的軟實力很突出，往往能把自己的硬能力發揮到極限，而且還可以利用自己的軟實力整合各方面的力量，幫助自己，所以他們往往能夠成功。由此可見，軟實力對於職場上的員工來說，是多麼的重要。

　　那麼軟實力都包括哪些能力呢？一般包括九種能力：即戰力、執行力、溝通力、合作力、決策力、競爭力、交際力、發展力和創造力。本書將分九章詳細闡述這九種軟實力，期望能給那些剛剛出社會的大學生，以及那些希望在職場上有所成就的人士提供切實有效的幫助。

第一章
即戰力 —— 時刻保持戰鬥姿勢

　　這是一個令人眼花撩亂，讓人充滿想像的社會，然而，仍有不少人常常感慨美麗的鮮花和熱烈的掌聲離他們似乎很遙遠。生活在現代的人們，雖然機會眾多，可是生存環境卻不見得較以往寬鬆多少。這是因為時代正以一種人們想像不到的速度變化著。

　　以往一勞永逸的一次性奮鬥早已不復存在。現在是知識迅速陳舊、能力快速貶值的年代。當人們還在為擁有早晨晶瑩的露珠而倍感欣慰時，不經意已經是烈日炎炎，美麗的露珠不知什麼時候已化為烏有。在這個極速變化的年代，如果你一味地沉靜在往日的榮耀裡，那麼你很快便會被這個時代無情地拋棄。那些具有相當能力，並且成就非凡的人，他們尚且像流星一樣，雖然也曾閃亮過，但是終究歸於沉寂，而且以人們想像不到的速度成為歷史。可想而知，對於那些即將走上職場的人來說，那將是一場什麼樣的考驗？這實在是他們無法預知的。

　　因此，從這個意義上講，現代的職場員工想要工作順利、事業有成，比起以往來的確要困難得多。不過，話說回來，辦法總比困難多。再難的事情，總有辦法解決。事實上，只要立志做一個有準備的人 —— 做一個有即戰力的員工，便可以從容應對。

　　那麼，什麼是即戰力呢？

　　顧名思義，即戰力，便是立即投入戰鬥的能力。即無論何時何地，無論身處順境，還是直面艱難，都能保持冷靜的頭

腦，並根據新的環境，迅速做出正確的判斷，制定切實可行的計畫，並立時集結有效實施的專業素養，在第一時間內有成效地完成預定工作目標的能力。也就是我們常說的「召之即來，來之能戰，戰之能勝」的能力。

那麼，構成即戰力的主要因素有那些呢？一般來說包括三個方面：英語能力、理財能力和解決問題能力。

◆ 超強的英語能力

即戰力的第一重要能力是英語能力，尤其在這個經濟全球化的今天，就更顯得重要了。

一天，陳先生照常來到公司上班。隔著玻璃牆，看見對面商務部亂成了一鍋粥。同事告訴陳先生說，一個俄羅斯的客戶打來電話，大概是要諮詢公司產品，想跟公司做生意，但因為語言不通而無法交流。對方說俄語，公司裡沒有人懂俄語，這可把商務部經理張先生急死了。

張先生急忙派人到處尋找懂俄語的人才，可畢竟遠水解不了近渴，張先生生怕對方等待時間長了會發生變故，而打消了跟公司合作的意願。正當張先生十萬火急時，他抬頭看到隔壁辦公室的陳先生，想起他平時偶爾看點英文書，便像是抓到了救命稻草似的，急忙跑過來對陳先生說：「你不是會幾句英語

嗎？你來試試看，說不定那個外商會講英語呢？」

「不行！不行！」陳先生急忙推託道：「我那點英語哪能跟外商談生意啊？我學的是啞巴英語，看看淺顯的英語文章還算可以，真刀真槍地進行英語對話就不行了。再說了，要是因為我沒有聽懂對方的話，把生意談砸了怎麼辦呢？」

「來吧！來吧！實在沒人了，你也別想那麼多，死馬當活馬醫吧。」商務部的同事硬是把陳先生推到電話機旁邊，說：「快點吧！這是個機會，對於公司來說實在是太重要了。如果成的話，公司就有可能把產品賣到俄羅斯了。」

陳先生趕緊撥通了對方電話，俄羅斯商人見陳先生說的是英語，立即用一口流利的英語跟陳先生進行交流。對方見陳先生的英語不是很熟練，便盡量講慢點，說得通俗易懂些。還好，陳先生基本上聽懂了對方的意思。對方還真是一個大客戶，這一次談話，為以後進一步的交流打下了基礎。幾天過後，這個俄羅斯客戶來到公司，終於談成了公司的第一筆俄羅斯業務。

這一筆生意，對於公司來講具有十分重要的意義。為了業務發展需求，公司立即去人才市場招聘了好幾個英語人才，充實到商務部。陳先生也因為那一次的特殊經歷，而受到了老闆的青睞，而慢慢地走進了管理階層。

然而，更重要的是那次「試水」，讓陳先生強烈地感受到英語的重要性。正如多學一些東西，多一種能力，多一份自信，

就會有更多機會一樣，多學一門語言，特別是學好英語 —— 這個世界通用語言，會給職場生活帶來更多的機遇。反之，在這個經濟全球化的年代，身為一個走上職場的人，特別是那些即將進入跨國公司，或是涉外公司的員工，如果不能流利地使用英語，他將會面臨多麼尷尬的處境和多麼艱難的生存環境，便可想而知了。

所以，從這個意義上來講，超強的英語能力是即戰力的第一重要的能力。

◆ 卓越的理財能力

即戰力的第二個能力：卓越的理財能力。

小嫣和小明是普通員工，屬於那種老老實實的上班族，而且兩家的家庭收入也差不多，都是規規矩矩賺錢，付房貸、供孩子上學的那種家庭。公司的薪資待遇也不低，但是因為孩子讀私立學校，再加上日常生活開支、房貸、贍養老人等必不可少的費用，一個月下來，兩家的收入也就所剩無幾了。朋友們聚會時，小明老是喊冤叫屈的，說生活實在太艱難了。小嫣也說日子過得不是很寬裕，不過，卻從不抱怨，甚至給人一種感覺，小嫣的日子過得似乎比小明要好一些。剛開始，大家以為她大概是找到了一份兼職工作貼補家用的緣故。後來，才發現

不是那麼回事。小嫣和小明薪資雖然不是很高，但是工作都比較忙，根本沒有太多時間讓小嫣從事另一份兼職工作。這就讓人感到十分奇怪了。同樣是受薪階層，為什麼一個生活在「水深火熱」之中，一個雖談不上過上了令人豔羨的日子，可也是遊刃有餘，這是為什麼呢？

後來大家才了解到，小嫣知道家庭收入不是很高，而且需要用錢的地方又很多，所以，她一走上職場，就很注意理財，尤其是在省錢方面。每個月發薪的日子，不管是驕陽似火，還是陰風怒號，小嫣都會去銀行從薪資戶頭裡取出一千元，轉放到一個七天通知存款的帳戶裡。這個七天通知存款的帳戶比活期的利率高，比定期的稍低一些。四個月湊足了四千塊錢後，再取出來改存定期，這樣利率更高一些。而且，這一存便是好多年，如今她的孩子都上高中了，她還一直堅持著。

後來，小嫣也加入了使用信用卡的大軍，不過，她的信用卡不是隨便辦的。銀行經常推出辦新卡後半年或一年內刷幾次就贈禮物的活動，於是，小嫣就充分利用銀行的優惠活動，鼓勵全家人都使用信用卡。這樣，經過幾年「努力」，他們家便添了不少小禮物。因為銀行贈送的禮品，大多是生活用品，這樣無形間為她們家省了不少錢。後來，她聽說，刷卡還能有點數，為了把這些卡的作用發揮到極致，小嫣準備了一個隨時攜帶的小本本，專門記錄哪個卡當月分刷卡贈雙倍點數，哪個卡要加油刷等等。而且，平時買東西，只要能刷卡，即便是再小

的東西，哪怕是一包餐巾紙，她都要刷卡，累積點數。

週末跟朋友們聚會時，小嫣把這個小祕密告訴了大家。小明覺得有道理，也照著做。不久，他覺得這方法很好。雖然，家庭經濟還不能從根本上好轉，但是家庭的日用支出變得有條有理而不像以前那樣過於拮据了。

過了一段日子，朋友們再次聚會時，發現小嫣竟然開車來。這太讓大家感到意外了，因為就她那份薪水，即便再怎麼節儉，也難以養著一輛車啊。小明也感到很困惑，這幾年小明雖然學會理財了，但是因為薪水並沒有漲多少，要說到買車養車，小明還真不敢想。大家便拱小嫣說說她的訣竅。

剛開始她還故意不說。後來，禁不住朋友們的「輪番轟炸」，便「投降」了，說：

「其實，我也沒有做什麼。我只是覺得想要學會理財光會節流還是不行的，還要學會開源。可是，像我們這些天天忙得團團轉的上班族，到什麼地方去開源呢？這事讓我捉摸了好一陣子，也沒想出個所以然來。後來，一個同事買了基金，發了一筆不大不小的財。這件事引起了我的注意。於是，從那時候我便開始關注起基金來。我和小明都是工作很忙的人，沒有時間炒股，也沒有那麼本錢炒股。不過，這個基金，入門不高，風險也不大，報酬雖然時間長一些，可是比起儲蓄來還是高了許多。」

對於基金，小明是有所心動的，卻一直沒有行動，這幾年

雖說累積了點錢，但是大多存在銀行裡，一年下來沒幾個利息，如果再考慮到物價上漲，不但沒有升值，還貶值了不少。小嫣接著說：「不過，投資基金也是要有策略的。因為基金的成效需要中長期才會有明顯的成長，所以用來投資基金的錢一定要確定在三、五年內不會動用。除了這筆錢之外，還要保留足夠的日常生活所需資金，以免急需現金不得不把手上的基金賣掉，那就太可惜了。而且，投資基金要有理性，基金不但要長期投資才容易見到成效，而且不同種類的基金的平均報酬率和風險也不同。這裡面的學問可大了，有空我再跟你們說吧。總之，這幾年我投入到基金裡的錢雖然不是很大，而且投的大多是穩健型的基金，收益不是很多，但是顯然比起儲蓄還是高了許多。下一步，我要把基金的結構做一個合理的調配，這樣收益會更大一些。」聽了小嫣的介紹，大家都很有感觸。在現代社會光勤勤懇懇地工作是遠遠不夠的，還要學會理財。否則，還真不能算是個現代人。不但如此，學會理財對於走上職場的人來說，意義也非同尋常。

　　小嫣不但理好自己的家庭資產，也由於養成了理財習慣，在工作時也隨時替公司理財，尤其是金融危機以來，小嫣更是格外注意。首先是影印紙雙面使用，兩面都用完了，還要裁成4開，釘成小本本，用色筆記一些電話、備忘等。她還把會客室的一次性紙杯換成了玻璃杯。其他像隨手關燈，有意縮短打

電話時間等細節，她都做得很好。金融危機之前因為公司的生意不錯，她的這些細節沒有什麼人注意。金融危機以來，公司的生意受到了嚴重影響，公司為了節省開支，號召大家群策群力開源節流，幫公司度過難關。這時候，小媽習慣性的理財細節，被老闆看在眼裡。老闆認為一個隨時替公司著想，把公司當成自己家的人，是公司最忠誠的員工。這樣的員工不提拔又提拔誰呢？於是，小媽的職場生涯發生了根本性的變化 —— 在別人紛紛擔心被裁掉，至少會被降薪的特殊時期，小媽竟然逆勢而上，升遷加薪了。

小媽的公司一間大型公司，公司員工人數龐大，如果每個員工都有理財能力，都能隨時替公司著想，節省下來的錢可不是一筆小數目。如果再把這種理財觀念運用到跟別的公司談生意，那樣就會產生直接的經濟效能。所以，小媽的案例引起了公司高層的重視，從那以後，公司明顯加強了對員工的理財習慣和能力的培養。對於那些有理財習慣和理財能力的員工格外青睞。

這個案例告訴人們，在現代職場上，一個人是否具有理財能力，已經不是是否能簡單過日子的問題了。事實上，它已經成為一個員工即戰力的鮮明象徵，至少，一個具有卓越理財能力的人，在現代職場上是十分受歡迎的。

◆ 解決問題的能力

解決問題的能力是即戰力最為重要的象徵之一，是職場生涯中不可或缺的能力之一。請看下面案例：

一間大型公司招聘一名祕書。經過層層選拔，張小姐終於進入了最後的副總經理面試階段。

張小姐不但才華橫溢，而且極為漂亮，氣質高雅。她款步進入副總經理辦公室，等待副總經理的面試。沒想到，副總經理竟然色瞇瞇地看著她說：「張小姐，妳知道我現在最需要妳做什麼嗎？」

張小機小姐心裡一驚，萬萬沒有想到最後一關，竟然會遇到這樣的一位面試官。不過，張小姐畢竟聰明過人，她稍作鎮定後，便明白了這也是面試的內容。因為張小姐知道，沒有一個男人會在第一次見面時，尤其是在這樣非常重要的面試場合下，向一個陌生的女人提出非分要求。再說了，這是一家信譽十分好的公司，公司裡的員工都十分忙碌，他們不停地進進出出，電話聲此起彼伏，而且辦公室都是透明的，這就更證明了，副總經理是在試探她。而且，她還看到他的辦公室很大，辦公桌上放滿了資料文件，還不停地有人進來向他匯報工作，可見這是一個有事業能力的男人，而這樣的人最希望招聘的祕書是工作上的好幫手。

想到這，她鎮定了下來，不卑不亢地走到副總經理面前，說：「副總經理，您現在最需要一個能幫你處理各種事務的祕書。假如您信得過我的話，您現在可以去休息一下，您手頭的工作我會幫您處理好的。」

副總經理看著她一會兒，認真地點一下頭，就去休息了。過了半個多小時，當副總經理再回來時，他發現桌上原本散亂的資料文件，現在被她分門別類地整理好了。辦公室的桌椅都擦拭過，所有來電她都做了認真紀錄。當副總經理認真審閱文件時，一杯剛剛泡好的咖啡遞了過來。副總經理非常滿意地接過咖啡說：「回去準備一下，明天來公司上班吧。」

這個案例中的張小姐的確十分聰明，在她職場生涯中十分重要的關頭上，她表現出少有的鎮定和理智。憑藉女性特有的細膩，再加上細心觀察和理性思考，使她迅速得出結論：副總經理是在測試她。副總經理招聘的是祕書，是工作夥伴，而不是情婦。於是，才有了後來一番得體的話，從而最終獲得入職機會。這個案例實際講述的便是人在特殊情況下解決問題的能力。

當然解決問題的能力是多方面的，入職時的謹慎、睿智當然是重要的，但是入職後創造性的解決問題能力，也是十分重要。

一位美國著名的建築師，在新加坡設計了一組位於中央空地四周的辦公樓群。這是一組十分現代化的辦公大樓，非常壯

觀漂亮，人們稱讚設計師的高超設計藝術。辦公樓群竣工後，園林管理局的人來問他：「人行道應該修在哪裡？」

「在大樓之間的空地上全都種上草。」建築師回答。

建築師的回答讓園林管理局的人非常詫異，心想：「我問的是人行道，並沒有問綠化的事情，他怎麼答非所問呢？」不過，因為這位建築師的名氣實在太大了，園林管理局的人雖然心裡很疑惑，還是按照建築師的要求去做。

很快，草長了出來，一個夏天過後，在辦公樓之間踩出了許多條路。這些踩出來的路十分優雅自然。多人走的地方，路就寬一點；少人走的地方，路就窄一點。秋天到了，這位建築師又來到這排辦公樓前，看到人們踩出的寬窄不同、曲折不一的路痕非常滿意地笑了。他說對工人師傅們說：「人行道有了，你們就沿著這些踩出來的路痕鋪路吧。」

人行道鋪出來了，相當地優美、自然，而且完全滿足了行人的需求。園林管理局的人感到很滿意。

這個案例給人的啟發是深刻的，一般來說建築師設計人行道時，也會照顧到行人的需求，不過，那是一種主觀上的照顧，是在設計室裡的照顧，實際情況究竟如何呢？其實，設計師心裡並不能完全確定，哪裡要設計人行道，哪裡不需要人行道。他也不是十分清楚哪裡的人行道要設計得寬一些，哪裡的人行道可以設計得窄些，因為建築師並不知道哪裡的行人會多些，哪裡的行人會少些。而這正是這位建築師的高明之處。他

沒有按照自己想當然的方式來鋪設道路，而是給予了人們更多的人性關懷。而這種人性的關懷先不要說展現了這位建築師非同一般的設計思想，單就他解決問題的方法來看，便足見他身上展現了一種十分可貴的創造性的解決問題能力。而這對於職場上的員工來講是十分重要的，因為老闆所需要的並不只是僅會忠實地執行命令的人，也不是那些只能解決固定問題的人，老闆需要的是能夠創造性地解決問題的員工。

而要提高自己的創造性的解決問題能力，方法有很多種。

古代書上記載說，誰要是能夠解開奇異的高爾丁死結，誰就能成為亞洲王。然而，這個高爾丁死結實在是太怪了，根本就找不到線頭，所以，所有試圖解開這個複雜怪結的人都失敗了，儘管這些人當中有許多十分聰明的人。然而，還是失敗了。後來，亞歷山大也來試著解結。他是當時有名的智者，然而，他和其他人一樣，雖然想盡了辦法，還是沒有找到那個結的線頭。然而，倔強的他卻一定要解開這個結，他繼續努力了好長時間，卻還是一籌莫展。於是，他非常生氣地拔出劍來說：「這樣是無法解開的，我要建立我自己的解結規則。」說著，他將結劈為兩半。結解開了，他終於成了亞洲王。

這個故事啟發人們擁有創作性的解決問題能力，可以從而造就自己的規則。眾所周知，每個人都有自己的思維方式，每個人都有自己解決問題的能力，所以，你完全沒有必要重複別人走過的路，因為完全的重複就決定了你不可能超越別人。

尤其是在今天激烈的職場中，更要有自己的思維，更要用自己的規則解決問題。這個故事還啟發人們，擁有了自己的解決規則，便能讓自己創造性的解決問題，從而在未來的職場生涯中擁有更為廣闊的生存空間。

◆ 我的即戰力指數是多少

一個人不僅要懂得什麼是即戰力，而且要清楚地意識到自己的即戰力指數是多少。這十分有利於自己規避短處發揚長處，從而在職場中最大可能創造自己的業績。

王先生和李先生是公司的同期員工。他們都畢業於相同的大學。王先生專業水準比較高，但社會經驗比較薄弱，他的優點是專業性的問題他能得心應手的解決，弱點是不善於與人溝通，解決問題的能力比較弱。李先生是王先生的同學，他的弱點是專業技能一般，但是他的社會經驗比較豐富，而且會說一口流利的英語，有很強的解決問題能力。

因為王先生的專業能力比李先生的能力強，所以剛走上職場時，王先生認為他的職業生涯將會比李先生順利得多。因此，王先生對職業的期望值要比李先生高了許多。然而，進入公司後，他們都被要求從基層做起。這讓王先生有點失落，他認為他被大材小用了，再加上日常工作的專業性並不是很強，

所以，王先生做起來事情來不是很盡心。李先生曾經善意地提醒他好好工作，但是王先生並沒有特別重視，再加上他又不善於溝通，對於工作中的問題不能即時有效地處理，因此沒多久王先生就被請出了公司。

而李先生從一進公司，便清楚地意識到自己的專業能力不是很強，將會嚴重影響自己的職業發展。現在來補的話，已經太遲。畢竟專業能力的提升不是一兩天的事情，再說了，他現在做的是基層，暫時跟自己的專業關聯性不是很大，現在惡補專業對於自己能不能留在公司的幫助並不是很大。他現在的工作是對外行銷，這個職位對於他來說還是比較合適的。一來，他的英語能力很強，能跟國外窗口溝通，便於對外商業交流，而且他的頭腦很靈活，常常能創造性地提出解決問題的方案。因此，他在全面分析了自己的即戰力指數後，認為經過努力他還是可以在公司生存下來的。

於是，工作中他充分發揚自己的長處，一有機會就跟國外公司洽談。對於每一次交給他的任務，都是認認真真地完成，尤其是行銷方案的制定，他更是不遺餘力地去做。他整天跑市場，做調查，反覆研究行銷方案，為了配合上級的決策，他常常同時提出幾個方案，供國外公司選擇。還有，他特別細心地把每個方案都用中英文寫成一個方案兩個文本，這令國外公司對他的工作表現十分滿意。

這樣，實習期滿，他順利地留任。從那以後，他充分明白

了自己的即戰力指數，充分發揮自己的長處，經過幾年的打拚他走上了經理的位置。

王先生和李先生的案例，是很值得人深思的。一般來說，王先生還是很有職業素養的，至少他優異的專業技能是他將來職場生涯的重要保證，但是他忽略了他的即戰力指數。一個人的專業技能固然重要，尤其是在科研部門，但是一個人的即戰力指數更重要。因為專業知識是死的，解決問題的能力卻是活的。而更為重要的是，如果一個人的解決問題能力比較弱的話，最終會影響他的專業能力。當然，這是後話。對於王先生來講，他之所以沒能順利地留任，不是智商有什麼問題，也不是能力不夠，而是他對自己的即戰力指數沒有清楚的認知，從而錯失了良機。而李先生恰恰相反，他一走上職場便對自己的即戰力有了十分清楚的認知，他認知到他的專業技能不行，將來不太適合從事科研，而英語和創造性的思維能力是他的強項，所以，一開始李先生便有意地規避弱點、發揚優點。因此，李先生成功了。

而且如果一個人對自己的即戰力指數十分清楚的話，也有利於他針對自己的實際情況，制定切實有效調整方案，改變自己的能力構成，提高自己的即戰力指數，從而為職場生涯的可持續發展打下堅實的基礎。

◆ 在工作中學習

　　一個人想要在職場中順利地成就一番事業，就必須要有超強的即戰力。而想要提高自己的即戰力，就必須刻苦學習。學習的途徑不外乎兩種，一是在大學裡學習，一是在工作中學習。眾所周知，大學裡所學的東西並不一定是工作所必須的，再加上現在的職場招聘常常是打破專業的，因此許多走上職場的員工都必須要再次學習。而此時，他們大都已經走上了職場，再回到校園裡全天學習已不大可能。最為現實的辦法便是在工作中學習。事實上，在工作中學習是最能成就一個人的。請看下面的案例：

　　斯亞建築工程公司是一家著名的建築業公司，他的執行副總名叫奧利勒。能在這家公司裡做副總，大多數人都會以為他一定是一個了不起的人物。然而，誰能又能想到，幾年前他僅是一個名不見經傳的小小送水工，他是被斯亞建築工程公司之下所屬的一支建築隊臨時招聘進來的。

　　因為送水工的薪資很低，所以送完了水，大多數的送水工都會躲在牆角一邊抽菸，一邊抱怨薪水太低，甚至商量著什麼時候不做了。奧利勒也覺得他的薪資太低，然而，他卻不像其他的送水工那樣一味地抱怨，因為他認為抱怨解決不了問題，最好的辦法是努力改變現況。他細心地發現，其實送水還是一份不錯的工作，至少，他能有機會跟這麼多的工人接觸。十分

聰明的奧利勒每次送來水後，並沒有把水桶從車上搬下來，就躲到一旁休息，而是主動把每一個工人的水壺倒滿。他積極的工作態度和熱情真誠的服務很快贏得了工人師傅們的好感，於是，奧利勒便利用工人休息時間，請他們為他講解一些關於建築方面的知識。工人師傅因為十分喜歡這個熱情的年輕人，所以樂意為他講解。

因為奧利勒工作積極主動、待人熱情大方，更重要的是他十分勤奮好學，所以不久便引起了工頭的注意。工頭有意觀察奧利勒的一言一行，發現他是可用之才，於是兩週後，讓奧利勒當上了計時人員。能夠當上計時人員，是奧利勒職場生涯中一個十分重要的轉捩點。當上計時人員後，奧利勒並沒有停止學習的步伐，而是更加勤懇地工作。每天工地上出現的第一個身影一定是他，而每晚最後一個離開的也一定是他。不僅如此，他還特別注意跟懂技術的工人當朋友，不時向他們請教技術上的問題。於是，沒多久，關於建築方面的工作，如打地基、砌磚、抹水泥等他都已經非常熟悉。當工頭不在時，工人們便都問他，他就臨時擔負起了領導責任。

他不僅渴求知識，他還善於思考，尤其是當工程出現問題後，他更是苦苦思索解決問題的方案。他的聰明好學，再加上他努力鍛造創造性的解決問題能力，使他漸漸成為了斯亞建築工程公司不可或缺的人物。幾年後，他成為了公司的執行副總。

說實話，奧利勒實在沒有什麼特殊的才華，也沒有什麼政

治、經濟背景，他是一個窮苦出身的孩子，是一個普通得不能再普通的送水工而已，但是憑著不屈的靈魂，和時刻準備的心態，在工作中利用一切可利用的機會，積極地鍛造自己的即戰力。常年如一日的準備，使得他贏得了機遇，在職場生涯中一步步地走了出來，成就了今天的輝煌。

這是一個成功的案例，它告訴我們在工作中努力學習可以提高自己的即戰力，可以使自己的職場生涯發生本質的變化。而若不注意在工作中學習，後果是十分嚴重的。

有一間信譽良好的大型公司，為了事業的發展，十分重視外語人才的培養。尤其是現在招聘人才時，公司更為重視員工的英語水準。不過，對於老員工，公司還是立足於個人的自我成長。公司透過各種途徑告知員工要重視鍛鍊自己的英語能力。大多數的員工都意識到，在現時代下，一個不懂英語的人，他的職場生涯是短暫而艱難的，所以十分重視對英語的學習。然而，還是有人不把公司的要求和時代下的需求當回事，而嘗到了苦頭。

鄭小姐是這家公司的員工，雖說也是名牌大學畢業的，但是畢竟已經畢業好幾年了，英語早就生疏了。現在要重新拾起來，的確是有點困難，再加上她心存僥倖──她來公司也有幾年了，不學英語也把工作做得不錯，於是，便沒有把學習英語當回事。可是，不久後發生的一件事情讓她傻眼了。公司進口了一種設備，由她來主持安裝，本來此項工作並不是很難，但

因是升級換代產品，所以安裝時必須看說明書才能安裝好。可是安裝書是用英文寫的，且有許多專業英語術語，她實在看不懂，可又不好意思請教別人，就心存僥倖地把設備安裝起來。結果公司為此蒙受了一筆不小的費用，她的職場生涯也遭受了重大變故 —— 她被請出了這家公司。

這個案例中的鄭小姐本來可以在這家公司更長久地做下去，事實上，她在這家公司初步站穩了腳跟，她的職場生涯本來可以一帆風順，但是她因為不重視在工作中學習，不重視對即戰力的培養，所以才會遭致了這樣的結果。這實在是太令人感到遺憾了。

綜上所述，重視在工作學習的人，重視在工作中不斷提高自己的即戰力的人，他的職場生涯要順利得多，甚至還會迎來機遇。反之，如果不重視在工作中學習，這樣的人，他的職場生涯便會充滿變數，甚至會遭受重大打擊。

◆ 像新人一樣熱情洋溢

一個走上職場的人最重要的是保持一顆「年輕」的心 ——永遠像新人一樣熱情洋溢，這一點十分重要。就像再美的女人也會讓人產生審美疲勞一樣，再好的工作，如果心態不年輕的話 —— 不能像新人一樣永遠熱情澎湃地投入到工作中，他也會對工作慢慢失去了熱情。而一旦失去了工作熱情，他就不再會注重平時的學習，不再會注重力求完美地完成工作。於是，在

漫不經心下，他的工作能力便不可避免地下降，工作品質自然難以保證。用不了多久，他便會在不知不覺中離公司飛速發展的要求越來越遠，最終有可能面臨職場的重大變故。

比爾蓋茲有句名言：「每天早上醒來，一想到從事的工作和所開發的技術將為人類的生活帶來巨大的影響和變化，我就會無比興奮和激動。」比爾蓋茲這句話說得十分精采，它形象地闡釋了工作熱情在一個人的素養和職場中的重要性。在比爾蓋茲看來，一個優秀的員工，擁有非凡的能力和責任心固然十分重要，但是如果離開了熱情，這個員工便會失去活力，失去創造力。這樣的員工即便是還能夠十分認真地工作，但也只是機械性地重複著每天的工作而已，再沒有什麼新意可言。這無疑對公司的長遠發展是十分不利的。所以，公司不會需要這樣的人，也就是說沒有熱情的人，他的職場生涯注定坎坷不平。

魯先生在鄉下長大，家裡十分貧窮。但是爸爸媽媽還是盡量節衣縮食，省出錢來供魯先生上學。魯先生深知爸媽一路走來很不容易，所以學習非常刻苦，盼望著將來能有點出息，好讓爸媽過上幸福的日子。皇天不負苦心人，他終於考上了一所不錯的大學。大學畢業後，幾經周折他找到了一份不錯的工作 —— 某經理的特助。

因為找到這份工作實屬不易，更因為他有了這份工作後，爸媽終於可以喘一口氣，過上稍微舒適的生活了，所以他非常珍惜這個機會，工作起來特別起勁。正因為他工作認真扎實，主管十分欣賞，所以想在一個合適的時機給他一個更好的平臺。然而，就在這時候，問題出現了。原來，特助工作說起來

十分重要，但是日常工作流程卻極為繁瑣，而且天天似乎都在重複一樣的工作，所以做久了難免心煩。這一心煩，工作的熱情就明顯減少了，工作中還不時地出現錯誤。經理責備了他，他心裡更煩，工作起來就更加地漫不經心。發展到後來，竟然在一個重要的會議上，他把經理的資料拿錯了，嚴重影響了經理的工作，為公司帶來了不小的損失。最後，魯先生只能十分悲傷地離開了這家公司，另謀出路。

　　魯先生本來可以在職場上得到進一步發展，但是因為他對工作失去了熱情，導致工作上的失誤，最終失去了一份非常好的職位，這是極為可惜的。可見，一個人對工作充滿熱情的重要性。可以設想，如果魯先生認知到工作熱情的重要性，還是一如既往地充滿熱情地工作的話，那麼等待他的就不會是這樣的職場變故了。幾乎可以肯定地說，他的職場生涯一定會比他現在要好得多。微軟的招聘人員曾對記者說：「從人力資源的角度講，我們願意招的『微軟人』，他首先應是一個非常有熱情的人：對公司有熱情、對技術有熱情、對工作有熱情。」這位招聘人員的話很有道理，如果一個人始終對公司、技術和他從事的工作充滿熱情的話，他的工作一定不差，至少態度是端正的。要知道，一個人的潛能是十分巨大的，如果人永遠充滿熱情的話，那是很容易激發出人的內在潛能。試想，工作時如果能有效地調動自己的潛能，那將會產生什麼樣的神奇效果呢？我們幾乎可以肯定地說，那樣的人生一定是美滿的，那樣的職場生涯一定會充滿迷人色彩。

微軟亞洲研究院前任院長李開復曾經深情地回憶起這樣一件往事：一位微軟研究員很有意思，他經常週末開車出門。朋友們問他去幹嘛？他總是說見「女朋友」。起初，人們都以為他真的是去見女朋友，也就一笑置之，並不在意。然而，事實真是這樣嗎？

又一次週末，李開復臨時有事，要去辦公室一趟。他以為今天是週末，辦公室裡不會有什麼人，然而，他竟然在辦公室裡見到了那位研究員，李開復十分驚訝地問他：「你的女朋友在哪裡呢？」這個研究員微笑著指著電腦說：「就是她呀。」當時，李開復渾身一震，微軟的員工對工作如此地充滿熱情，難怪微軟公司能譽滿全球。

是啊，如果每一個員工都能這樣充滿熱情地投入到工作中，整個公司能不快速發展嗎？對於個人來講，如果時時刻刻都充滿熱情地工作，他還需要擔憂做不出成績來嗎？

雷文霍克（Leeuwenhoek）是荷蘭人，出生在一個很普通的農家。他並沒有受過什麼教育，國中剛畢業就來到一個小鎮上，應徵到一個替鎮政府看門的工作。這個工作可以說十分平凡，但是令人驚奇的是，他竟然在這個職位上一做就是60年。他終生沒有離開過這個小鎮，也從來沒有換過工作。大多數人都認為，這樣一個非常普通的看門人能有什麼特殊的地方呢？又能創造出什麼樣的成就呢？然而，雷文霍克卻不是一個簡單的人，他的成就絕非一般人想像的那麼不起眼。

　　這要從他的一個愛好說起：他喜歡打磨鏡片。他的工作能提供他養家糊口所需要的資金，除此之外，還能用這一份並不豐厚的薪水，來買打磨鏡片的工具、材料等等，所以他很滿意他的工作，因此他對自己的工作盡心盡力，從來沒有出過什麼問題。工作之餘，他喜歡沉浸在自己的愛好中。事實上，磨鏡才是他真正的工作，因為當他沉浸在工作中時，他便忘記了一切。他忘我地磨呀磨，這一磨就是幾十年。他的專注和細緻，他的鍥而不捨，終於沒有白費，他的技術竟然遠遠超過專業技師。經他磨出的複合鏡片，放大倍數竟然比當時所有人的都要高。更重要的是，他竟然利用自己研磨的高倍鏡片，開創性地發現了微生物世界 —— 當時還沒有人涉足。於是，並不想成名的他，一時間家喻戶曉。因為他的突出貢獻，他被巴黎科學院授予院士頭銜。英國女王還專程到這個小鎮上來拜會他。

　　雷文霍克之所以能夠成功，絕非偶然，他對自己從事的事業充滿熱情，是他能夠成功的根本原因。這個故事告訴我們，只要對事業充滿熱情，即便是最平凡的工作都能彰顯其獨特的價值，即便是再乏味的事情都會讓人享受到無窮的樂趣。因此，對於一個走上職場的人來說，像一個新人一樣永遠充滿熱情地工作，將會使他的事業永保青春，他的職場生涯將會異彩紛呈。

第二章

執行力 ── 完成任務不留一點瑕疵

什麼是執行力？為什麼企業要強調執行力？更為重要的是，對於走上職場的人來講，為什麼也要求執行力呢？

所謂執行力，對於員工來講，一般是指能夠完全貫徹企業的策略方向，執行上級命令，能夠有效完成預定目標的操作能力。員工擁有強大的執行力，對於一個企業來講是十分重要的，因為那是把企業的策略、規畫轉化成為直接效益和成果的最有效的保證。再遠大的目標，再好的專案，再英明的領導，如果沒有員工強大的執行力，那麼一切都是紙上談兵，一切都的空中樓閣而已。因此，任何一個企業都十分重視員工的執行力。

既然企業如此關注員工的執行力，對於走上職場的人來說，努力提高自己的執行力便勢在必行了。一般來說，執行力包含三個層面的問題：即完成任務的意願，完成任務的能力和完成任務的程度。

◆ 高效執行，事半功倍

從企業的角度講，一個企業如果想完成自己的策略，就必須把自己的管理意志清晰簡捷地傳達給員工，而且還要讓每個員工高效執行公司的決策，從而最終讓公司的管理意圖轉化為管理行為，並產生相應的管理效應，進而為企業的長久發展打

下堅實的基礎。現在讓我們來看看某集團企業的管理案例：

　　某間集團企業實行的是 OEC 管理模式，這種模式包含三個部分：目標系統、日清系統和激勵機制。各個部門的目標是明確的，每個生產線的目標是明確的，不僅如此還要量化到人。每個人每天應該做什麼事情，每個員工的心裡都十分清楚。也就是說，公司裡的每個管理目標都能對應到負責人，絕不會出現一件事情沒有人管理的現象。正因為公司的工作目標十分明確，而且執行到位，所以工作效率一直很高。

　　從這個案例中，我們不難發現對於企業本身來講，企業是十分希望員工能有超強的執行力的，因為任何企業的意志最終還是由員工的具體工作行為來實現。而且員工執行力的強弱將直接影響企業的策略發展。因此，身為走上職場的員工，提高自己的執行力，事半功倍地完成上級交付的任務就顯得尤為重要了。

　　請再看一個案例：

　　魏小娥是某間集團洗衣機本部住宅設施事業部衛浴分廠廠長。為了進一步提高整體衛浴設施的生產能力和生產水準，1997 年 8 月，集團派魏小娥前往日本考察學習。學習期間，魏小娥發現一個問題：日本人試模期廢品率一般是 30%～60%，調試正常後，廢品率為 2% 左右，而集團要求的是 100% 的合格率。

　　眾所周知，日本技術十分先進，他們的工藝水準在世界上

都是名列前茅的，然而，它們都不能達到100％的合格率，更何況是起步不久的企業呢？按說，魏小娥完全可以跟公司說明情況，即便是一定要達到100％的合格率也要給予一定的寬限時間，一步一步地來。先努力學習別人的先進經驗和工藝技術，努力縮小公司跟世界水準的差距，在達到日本同行的水準後，再爭取達到100％合格率的標準。這樣做似乎才是最為穩妥的。看起來，公司的要求有點嚴苛了，但是魏小娥卻一點意見都沒有，她既沒有抱怨，也沒有申訴，而是一心一意地考慮如何才能達到集團公司的要求。

正是因為抱著必須執行的信念，魏小娥在日本學習期間，分分秒秒都在認真學習。歸國之後，她首先視察的是衛浴分廠的模具品質工作。一次，在試模的前一天，魏小娥忽然在原料中發現了一根員工無意間掉落在裡面的頭髮。她立刻敏銳地感覺到，這是一個危險的品質信號：如果頭髮混進原料中就很有可能出現廢品。但是按照現在的著裝要求，即便是要求員工小心操作，也難免掉頭髮在原料中。所以，她立即決定給操作員工統一製作白衣、白帽，而且要求他們一律剪短髮。看起來改變操作員工的著裝，並不是一件什麼了不起的大事。但是如果魏小娥對集團要求沒有必須執行的信念，沒有強烈的品質意識，她是不可能發現原料中的頭髮。即便是發現了，也不會立即聯想到產品的合格率，當然更不會立即採取行動，從而把品質的隱患在萌芽狀態消除。正是因為魏小娥有了這樣的執行信

念和執行意識，以及她的強大的執行力，最終他們達到了集團要求，使集團的衛浴生產水準處於世界前列。

從上述案例中，不難看出對於行走在職場中的人來說，執行信念的強弱、執行意識的強弱和執行意志力的強弱，都將嚴重影響他的執行效率。顯然，一個有著強大執行意志力的員工，他的工作效能相對要高許多；反之，如果執行意識很淡薄，那麼他的工作效率也不會高到哪裡去，就更不用說事半功倍了。

當然，想要高效執行，事半功倍，光有執行信念和執行意識還是不夠的，還要有明確的目標和周密的計畫。

在職場上的人每接到一個工作任務，不管工作難度有多大，也不管能不能完成任務，只要想著如何執行就是了。首先把手上的工作排一個順序，最重要的事情優先考慮，次要的事情或時間要求不是很緊的事情先暫時放一邊。如果一件事情頭緒比較多的話，就先穩定一下心緒，把主要的環節和次要的環節理清，然後，再從一個合適的角度切入，這樣工作起來會穩妥得多。目標明確後，還要制定詳細的工作計畫，如此一步一腳印做下去，你就會做到高效執行、事半功倍了。

綜上所述，一個走上職場的員工，想要擁有超強的執行力，想要高效執行、事半功倍，就必須要有堅定的信念、執行的意識、明確的目標和周密的計畫。

◆ 跨越執行鴻溝

想要跨越執行的鴻溝，首先要做的便是對上級命令的絕對服從。

美國西點軍校和美國歷史一樣悠久，被稱為美國陸軍軍官的搖籃。它培育了一代又一代名將和軍事人才，在世界上享有盛譽。這所學校的校規規定，學員遇到軍官問話時，只能有四種回答：「報告長官，是」，「報告長官，不是」，「報告長官，不知道」，「報告長官，沒有任何藉口」。除此以外，不能多說一個字。

這個校規中包含的內在理念是：絕對的服從。軍隊是一個極為特殊的群體，每一名士兵、每一名下級軍官對上級命令的絕對服從，是這支軍隊能夠打勝仗最為重要的保證。因此，每一個進入西點軍校的學員，首先需要學習的就是這種「絕對服從」的理念。

其實，職場如戰場，每個員工對上級的絕對服從，就如同在戰場上的士兵服從指揮一樣，都是非常重要的。戰場上的絕對服從，是取得戰爭勝利最為重要的保障，職場也一樣，員工對上級命令的無條件執行，也是企業意志能夠得以貫徹執行的有力保證。事實上，只有真正懂得服從的員工，才有可能成為真正傑出的員工，只有從內心深處擁有「服從」理念的員工，才有可能在企業中長久地生存，他的職場生涯才有可能逐步走向輝煌。

　　然而，這話說起來容易，做起來就不是那麼簡單了。因為人是一個特殊的動物，他有意識，有思想，有情感，而且是人都希望自己的價值能夠得到別人的認可，都希望成為某個區域裡的中心，至少是一個不要被忽視的生命體。在這樣的思想意識下，要讓自己絕對地服從的確不是那麼一件輕而易舉的事情。除此之外還有許多客觀的原因，比如工作根本就無法完成，工作難度太大，工作環境太惡劣等等，都會影響自己對上級的服從，而難以跨越執行的鴻溝。

　　保羅是某公司的最年輕的職員之一，他非常勤奮，不過工作經驗還不是很豐富，在這家公司他還是一個默默無聞的小卒。一次，公司為了發展，打算開拓一個新的市場，但是新市場的負責人卻一直沒有定下來。原來，那是一個十分偏僻的地方，那裡的條件十分的艱苦，在那樣的地方開拓市場是一件極為困難的事情。所以，沒有人願意去那裡。公司物色了許多人，但是這些人都以各種理由拒絕了。公司實在沒有辦法了，就找到了當時還沒有什麼名氣，而且沒有什麼工作經驗的保羅去執行這個任務。沒想到的是，保羅十分爽快地答應了，沒有提出任何要求，也沒有任何怨言，帶上公司的樣品便出發了。

　　公司裡的人都說保羅是一個傻瓜，到那麼一個地方開拓市場談何容易，更何況他還是一個沒有什麼經驗的菜鳥員工。因此，他們斷言他一定會一無所獲地回來的，到時就絕對不是降薪那麼簡單的事情了，說不定保羅不得不離開這家公司。然

而，讓人實在想不到的是，三個月後，保羅回來時滿面春風。他說公司的產品在不僅在那裡站穩了腳跟，而且還大有可為。同事們都十分納悶，都問他是如何看到那裡的市場的。本來，他們以為保羅會向他們傳授什麼開拓市場的經驗，沒想到保羅的一番話讓人吃驚，然而吃驚之餘卻又頗讓人感慨。保羅說：「其實，在出發時我也沒有信心，而且覺得你們的觀點是正確的，但我必須服從公司的安排。到那裡後，我知道我必須全力以赴地去執行我的任務，結果我成功了。」

這個案例中的保羅，對於公司的命令其實是有想法的，甚至認為那裡是無法開拓市場的，但是保羅對於公司的安排，沒有表現出任何的不滿，也沒有表示任何的異議，而是立即去執行。那是因為保羅的內心深處有著很深的絕對服從的思想。也就是說，對一件事情即便是有自己的看法，即便是可能遇到意想不到的困難，但是既然公司安排了，那就要無條件服從。正是因為保羅絕對服從的意念，使他暴發出了驚人的執行力，從而有效地跨越了執行的鴻溝。

不過，想要更加有效地跨越執行的鴻溝，還要有一顆對公司忠誠的心。只有忠誠於公司，才會時時想到公司，才會時時從公司的利益出發去進行工作。公司因為你的忠誠，而得以健康發展，你也因為對公司的忠誠而最終得到公司的認可，從而使自己的職場生涯走向光明。

蔡小姐原本是一家房地產公司的電腦打字員。她並不漂

亮，也沒有受過什麼教育，但是她擁有一顆對公司無邊忠誠的心。她從來不管閒事，每天只是埋頭做好手邊的工作。在她看來，她沒有什麼優勢，她所擁有的只有勤懇，只有對公司的忠誠。不過，她堅信憑著她的刻苦努力，憑著她對公司的無比忠誠，她一定會贏來職場生涯的春天。於是，她不僅僅是做好手邊的工作，而且時時刻刻把自己看作公司的主人，處處為公司打算。她從來不捨得浪費一張影印紙，只要不是什麼重要的文件，她都是用已經印過字的紙的背面列印。如果有事要離開辦公室，若時間不長，就把電腦待機，如果時間稍微久一點，就把電腦關機，還隨手關燈關水。

一年後，公司運作出了一些問題，不少員工都跳槽了，最後總經理辦公室的工作人員就剩下她一個。但是她還是沒有走，她不但做好列印工作，還兼做了許多雜事，如接聽電話，為老闆整理資料等等。而且，在公司最為困難的時候，她還悄悄地跑市場做市場調查，為公司走出困境殫精竭慮。

一天，總經理愁眉苦臉地坐在辦公室裡，她走進去對總經理說：「總經理，我們公司沒有垮。雖然說前期投入的 2,000 萬砸到工程上，成了一筆死錢，讓公司資金運作出了極大的困難。不過，公司還是有轉機的，我們手邊的一個公寓專案如果好好做的話，一切還是可以重來的。」說完，她拿出那個專案的企劃文案。一個打字員竟然拿出了這麼大專案的企劃文案，而且還有模有樣。總經理非常訝異，既為她有模有樣的企劃文案

感到驚訝，更為她對公司的忠誠感到驚奇。總經理看了以後，認真修改了其中不合適的部分後，就把這個專案交給她去負責。

兩個月後，那片位置不算好的公寓全部先期售出，她拿著3,800萬的支票回到公司。因為有了這筆資金，公司終於有了起色。往後的4年，她又幫助總經理做成了好幾個大專案，為公司賺了不少錢。後來，公司改為股份制，總經理當了董事長，而她成為了這家公司的總經理。

在這個案例中，蔡小姐憑著對公司的無比忠誠，盡心竭力地工作，為公司走出低潮做出了巨大貢獻，也為自己的職場生涯添畫了精采的一筆——曾經是打字員的她竟然成了公司的總經理。之所以會出現這樣的職場變化，就是因為她對公司的無比忠誠，使她跨越了執行的鴻溝。

忠誠實在是職場中最應該值得重視的美德。對於企業來講，如果所有員工都對企業無比忠誠，即便是再弱小的企業，只要給予適當的時間，它都會慢慢做大。而對於員工來講，有了對公司的忠誠，即便遇到再大的困難，他都會努力克服。事實上，對公司的忠誠，便是對自己職業的敬重，一個敬重自己職業的人，他一定會使自己的職場生涯大放異彩的。

綜上所述，一個員工只要有絕對服從的信念和意志，有對公司的無比忠誠，他就一定能跨越執行的鴻溝，創造出一番不菲的業績來。

◆細節考驗真功夫

在這個充滿競爭的年代，按照常理，那些智力超群的員工，應該在現代職場中會占有不少優勢，然而，讓人匪夷所思的是，最終走向成功的並不都是他們。那些原本不為人所注意、智力平平的小人物，常常出人意料地取得了非凡的職場業績。這是為什麼呢？難道他們身上有什麼特別之處嗎？其實，他們都很普通，如果說一定有的話，便是他們的身上都有一個十分難能可貴的特質：他們做事往往極為認真，十分關注細節。那麼，關注細節真有那麼巨大的作用嗎？

1485 年，英國國王理查三世和里奇蒙伯爵亨利為爭奪王位，在博斯沃思展開了一場空前決戰。大戰前夕，理查三世命令手下去備馬。然而，因為連續不斷的戰爭幾乎耗盡了所有鐵片，無奈之下，鐵匠只好把一根鐵條截為四份，加工成馬掌。然而，馬掌是有了，卻還少一顆鐵釘，無奈之下鐵匠只好給國王的戰馬少釘一顆釘子。

戰爭開始了，國王一馬當先衝在隊伍的最前面，士兵們受到了極大的鼓舞，個個奮勇向前，殺得敵人人仰馬翻。眼看勝利在望，然而，就在這時，一個十分意外的場景出現了：因為少一顆釘子的馬掌突然脫落，國王和戰馬被掀翻在地。國王還沒來及抓住韁繩，受到驚嚇的戰馬便脫韁而去。士兵們被這個突發事件弄得驚慌失措，以致於亂了陣腳，而給對方可乘之

機，被殺得四處逃竄，潰不成軍，國王也不幸被俘。國王揮舞著手中寶劍，仰天長嘆：「我的國家，竟亡於一匹馬！」

這是個細節決定成敗的典型案例。如若是在平時，馬掌少顆釘子，那就少一顆吧，這也沒什麼大不了。然而，在戰時，在那種特殊情況下，這個小小的細節卻影響了局勢，甚至影響了一場戰爭的勝利，影響了一個國家的興亡。所以，從這個意義上講，這個國家亡於一匹馬，一個馬掌，一顆釘子，一個不完善的細節。由此可見，細節之於國家的重要性。

其實，細節之於今天十分激烈的職場又何嘗不重要呢？

對於那些即將或已經走上職場上的人來講，最重要的是周密的籌畫，最忌諱的是好高騖遠和不切實際地的追求。因為再遠大的事業都是從腳下一個個具體的工作，一步步地走來的。對細節的追求，才逐漸成就不平凡的事業。反之，一個員工如果不注重細節，那麼他的職場生涯將如同上述故事，也許因為一個小小的細節而輸掉了自己追求多年的事業。

因此，在這個細節取勝的年代，任何職員想要有所成就，都離不開對細節的關注。細節之中往往潛藏著巨大的機會，所以，對於細節必須精益求精。細節可以展現出一個人的工作、學習態度，行為方式，做人理念。注重細節是一個優秀員工所必備的素養。具備這種素養的員工往往能創造出優異的成就。

然而，道理歸道理，現實歸現實。不是只要懂得道理，便可以順理成章地落實到具體行動中。否則的話，為什麼就連幼

稚園小朋友都知道說話要講禮貌，可現實生活中怎麼還會有那麼多的成年人出言不遜，語言粗俗呢？所以，從這個角度想，想要成為一個關注細節的優秀員工，僅僅懂得道理還是遠遠不夠的，還需要意志的錘鍛、品格的修練，甚至是整個思想觀念的徹底改變。就本質上，關注細節就是一場實實在在的思想變革，關注細節考驗的是真功夫。

泰國的東方飯店堪稱亞洲之最，一般不提前預定是無法進住這家飯店的。那麼東方飯店的經營是如此成功，他們有什麼特殊的經營策略嗎？其實很簡單，那便是關注每一個細節。

這家飯店實行的是十分人性化的細節管理，只要你去過一次東方飯店，當你再去這家飯店時，接待你的員工都能一口報出你的姓名，並知道你曾經住過哪個房間，在哪一個餐廳用過餐，甚至記得你曾經坐過的座位和點過的菜餚。離開這家飯店後，在你生日那天，你一定會收到這家飯店寄來的生日賀卡，並附有一封信，說東方飯店的全體員工十分想念你，希望能再次見到你等等。

其實，東方飯店在經營上並沒有什麼特殊之處，他們和其他高級飯店一樣，也是在提供人性化的優質服務。只不過，他們沒有止步於達到規定的服務水準，而是進一步挖掘，抓住了大量別人未曾在意的不起眼的細節，堅持不懈地把人性化服務延伸到各方面，落實到點點滴滴，不遺餘力地推向極致。由此，他們靠比別人更勝一籌的細節化人性服務，贏得了顧客的

心，飯店天天客滿也就不足為奇了。

從這個成功的案例中，不難發現，東方飯店為了事業的成功，在細節上下了太多的功夫。如果沒有如此細緻入微的人性化管理，東方飯店要在如此激烈的競爭中占據如此重要的地位，那也是不容易的。

所以，關注細節是真功夫。因為這不僅僅是一種工作方式，也不僅僅是一種生活習慣，關注細節更是一種生存態度，一種生命訴求。在這個分工越來越精細的社會裡，真正的大事實在太少，更多的是具體的、瑣碎的、單調的小事。老子曾經說過：「天下大事，必作於細。」因此，成就大事，還得從小事做起。而能夠把小事做好的人，便是真正意義上的優秀員工，因為細節中可以見證真功夫，細節中可以預見大成功。

◆ 做瘋狂的石頭

每一個行走在職場上的員工，都非常渴望成功。然而，並不是所有的人都能成功。有的人成功了，有的人卻失敗了。導致失敗的原因千差萬別，但是取得成功的人，他們的身上卻都有一個共同之處 —— 他們都是職場上的瘋狂石頭。

日本保險行銷之神原一平曾經創下了連續 15 年的全國推銷冠軍，曾經連續 17 年推銷額達百萬美元。1962 年他被日本政

府授予「四等旭日小緩勳章」。當時能夠獲得這種榮譽人很少，即便是日本總理大臣福田赳夫也只得過「五等旭日小緩勳章」。1964 年，世界權威機構美國國際協會向他頒發了全球推銷員最高榮譽 —— 學院獎。

也許有人說，他本來就有行銷天賦，他能取得這樣輝煌的成就，那是因為他擅於推銷保險，然而，現實情況真是這樣嗎？不，恰恰相反。幾乎任何一個看過他的人都不認為他能有什麼作為。他 26 歲時，身高僅有 145 公分，體重僅 52 公斤，就他這副「尊容」，他能做些什麼呢？又有什麼人能瞧得起他呢？所以，剛走上職場時，雖然他很努力，但也只是謀到了明治保險公司裡一個「見習業務員」的職位。然而，他毫不氣餒。

工作初期，他的工作條件十分艱苦，他沒有辦公桌，甚至沒有薪水 —— 沒有拉到保險，當然沒有薪水。為了盡可能地省錢，他上班不坐電車，中午不吃飯，晚上只能睡在公園的長凳上。然而，即便是這樣，他都沒有氣餒。他經常對著鏡子中的自己大聲喊道：「全世界獨一無二的原一平，有超人的毅力和旺盛的鬥志，所有的落魄都是暫時的，我一定要成功，我一定會成功。」

他不斷地為自己打氣，儘管生活十分艱難，但是他卻像一顆瘋狂的石頭拚命的工作。每天清晨 5 點，他都會準時起床，從公園的長凳上 —— 他的「家」出發，去上班。他就像一個十分快樂的人一樣，仿佛他的生命裡根本就沒有苦難，他向每

個人微笑，跟每個人打招呼。一天，一位紳士終於被他的情緒所感染，跟他簽下了他生命中的第一張保單。從此，便一發不可收拾。他的業績扶搖直上，最終贏得了日本「行銷之神」的稱號。

原一平的成功不是偶然的。他的成功絕不是哪個人的賜予，也沒有哪個人幫助他走向成功，他之所以能夠取得如此輝煌的成就，那是因為他有堅忍不拔的意志，長年像一顆瘋狂的石頭拚命地工作的結果。雖然，原一平的時代已經過去，但是他這種瘋狂工作的精神，並不過時。尤其是對於即將走上職場的員工來講，仍然有著十分重要的意義。

在現代職場中，如果每天都是在完成老闆交代的工作，都是按老闆的指令工作，這樣的員工可以算是一個稱職的員工，卻不能算是一個優秀的員工。因為這樣的員工工作時沒有熱情，沒有全身心地投入工作中。所以，這樣的員工日後的成就也就有限了。而願意做一顆瘋狂石頭的員工，他們不僅滿足於老闆交代的工作，也不會只按照老闆的指令做事，他們會全身投入到工作裡，把自己的真情融入工作中，把自己所有的智慧都投入到工作裡，所以，日後他們大都能取得不菲的業績，成就不平凡的職場生涯。

◆ 藉口是最爛的執行障礙

做好工作不是一件容易的事情，因為工作中遇到一些困難在所難免，工作中有一些疏漏也是時有可能。然而，同樣是失誤，同樣是工作中的缺失，不同的人有不同的應對方式，其產生的效果也完全不同。有的人為自己的工作失誤尋找藉口，試圖將責任歸咎別人，歸咎公司。這樣的員工，因為缺失基本的職場誠信，而不為老闆所看重。也許，這樣的人在短時間內能把責任推卸掉，甚至因為他的「聰明才智」還有可能使無辜的人蒙受職場災難，而他卻青雲直上。但是紙終究是包不住火的，尋找藉口的做法一旦成了習慣，甚至成了內在的行為品質，他的職場執行力便會大為下降，他的工作品質自然高不到哪裡去，他的所做所為總有一天會為人所知。到那時，他便悔之晚矣。因為他這樣的職場生存之法為自己帶來的只是暫時的相安無事，一旦老闆察覺真相，他的職場未來便會由此而斷送。

而一個不為自己尋找藉口的員工，由於他的職場誠信和及時補救，更由於他認知到自己工作上的失誤，而積極地加以改正，使他的執行力大大提高，他的工作會越來越好，從而使他在職場中的道路會越來越順。

約翰和大衛是一家大型快遞公司的兩名職員。他們工作都很認真、勤奮，公司非常器重這兩個人，準備在適當的時機重用他們。然而，後來發生的一件事情卻徹底地改變了兩人的

命運。

　　一次，公司有一件重要的業務：把一件十分貴重的古董送到碼頭。因為這件古董價值不菲，所以，公司便請約翰和大衛兩個人一起護送，並一再叮囑他們，路上要小心，車開慢開穩點，一定要把這件古董完好無損地交到客戶的手中。

　　上路後，他們很小心，盡量把車開得平穩一些，生怕把古董震壞了。本以為能夠順利地把古董送到客戶手中，沒想到車子在半路出了狀況，開不了。這時候離規定的交貨時間已經不多了。他們明白如果不能按時把貨物完好無損地送到客戶手中，他們的獎金就會被扣除一大部分。沒辦法，人高馬大的約翰，便小心地背起包裹，趕往碼頭。路上，他們不敢走得太快，怕把古董弄壞了。於是，一個在前面背一個在後面護著趕往碼頭。還好，車子拋錨時離碼頭已經不遠了，所以，他們並沒有花太多的時間，按時趕到了碼頭。

　　這時，大衛耍起小聰明，他想：「如果客戶看到是約翰把貨物背來的話，他一定會在老闆面前說約翰的好話，那我不是什麼好處都沒有落下嗎？」於是，他便對約翰說：「讓我來背吧，你去叫客戶。」約翰並不知道大衛的盤算，便不假思索地卸下包裹並遞給大衛，哪知道此時的大衛一直想著，老闆知道自己背包裹後有可能給自己加薪的事情，當約翰把包裹遞給他的時候，他一不留神沒接住，包裹掉在地上，「哐啷」一聲，古董碎了。

　　約翰和大衛一下子呆住了。片刻之後，大衛意識到問題的嚴重性，他不但不能加薪，還要背上沉重的債務。大衛非但不說是自己的失誤才把古董打碎，反而大聲責罵約翰。回來後，老闆果然勃然大怒，非常嚴厲地斥責了他們，他們只好在惴惴不安中等待處理的結果。

　　為了擺脫責任，大衛悄悄到老闆辦公室，對老闆說，古董損壞不是他的過錯，是約翰不小心把古董弄壞的。與之相反，約翰把事情的經過原原本本地告訴給老闆後，接著說：「這件事主要是我的失職，我願意承擔責任。大衛的家境不太好，他的責任我願意承擔。我一定會彌補我們所造成的損失。」

　　幾天後，約翰被任命為公司的客戶部經理，而大衛卻被公司開除了。大衛感到很不解，他以為沒有人知道事情的真相。其實，沒有不透風的牆，貨主當時看見了他們在碼頭遞接包裹時的動作，他把這件事情告訴了公司老闆。再加上，事情出現後，他們對待自己的過錯，表現出了完全不同的態度。所以，出現這樣的結果那是再自然不過的事情了。

　　這個案例帶給人多方面的思考。是的，約翰和大衛在工作中出現了錯誤，而且是十分嚴重的錯誤，影響了公司的信譽，並造成公司不小的損失。但是，正是這件事情讓公司老闆看清楚約翰和大衛這兩個人。對於公司來說，畢竟人是第一位的。公司員工的執行力大小，將直接影響公司的長遠發展。所以，公司十分看重員工的品格，因為不為自己尋找藉口的員工，他

們的執行力是十分強悍的，而一個盡力掩飾自己過錯，為自己的工作失誤尋找藉口的人，沒有執行力且不說，更重要的是，這樣的員工將會使公司蒙受更大的損失。因此，公司不喜歡像大衛這樣為自己找藉口的員工，他被開除也就是必然的事情。而這正是大衛所不知道的。

報紙上曾經登載過這樣一件事情：

一家大型企業的超市，小張在這家超市的電信櫃檯工作。這個櫃檯是專櫃，設在大門一進來的門廳裡。一天，來了一個客戶說要買 10 張 400 元的預付卡。小張接過了客戶手中的 4,000 元到驗鈔機上辨別真偽，就在這時，客戶忽然說，他不想買了。小張看客戶沒有離開過櫃檯，而且卡是新的，也就沒在意。然而，他不知道客戶趁他轉身驗鈔時，已經把卡給換了。

下午，又有客戶來買預付卡時，發現預付卡是假的，小張才知道卡已經被上午來的客戶掉換了。這件事情顯然不能完全怪小張 —— 他已經很小心了，要怪只能怪那個騙子實在太狡猾了。然而，事情畢竟是發生在小張身上，小張想了想，還是把事情的原委告訴了老闆，而且迅速地把錢給補上了。老闆雖然很生氣，但看小張態度誠懇，而且還把錢給補上了，並沒有造成公司什麼損失，所以，也就沒有過分地責怪小張。巧的是，老闆的朋友得知了這件事情，認為小張很誠實，沒有為自己的工作失誤找藉口。他非常欣賞這樣的員工，因為這樣的員工很有執行力，於是，便聘請他到自己公司任職，給他一個很不錯

的職位。從此，小張在職場中行走得非常順利。

　　小張的案例很值得人深思。其實，如果當時的事情沒有任何人看到，他完全可以說這 10 張卡本來就是壞的，事實上，這 10 張卡的確是新的，真假難辨，如果他不承認的話，老闆還真是沒有辦法。但是小張承認了自己的過錯，不為自己工作上的失誤找藉口。小張的做法看起來是「笨」了一些，但實際上非常有智慧。老闆也是人，是人都會有錯誤，出了錯誤不要緊，關鍵是如何補救，以及在日後的工作中盡量避免同樣的錯誤再次發生。而這樣積極面對錯誤的態度，是老闆最想看到的。

　　事實上，老闆十分喜歡那些不為自己找藉口的員工，因為在老闆們看來，不為自己找藉口的員工，是執行力最強的員工，也是最優秀的員工。所以，行走在職場上的員工，首要的任務是想盡辦法完成工作，即便遇到了困難，或者出現了失誤，也不要為自己尋找藉口，這樣不但對於公司的發展十分有益，對於自己的職場生涯來說也極為重要。

◆改變多年的拖沓惡習

　　懶惰的人都有一個共同的行為：做事十分拖沓。

　　拖沓看起來算不上什麼大問題，尤其是生活中的小事情，偶爾拖沓一下，看起來也沒有什麼影響。但是對於職場中的人

來說，卻要不得。因為生活中的拖沓，很有可能慢慢成為一種習慣，而在不知不覺延伸到工作中。而一旦延伸到工作中，甚至成為一種工作作風，他的職場生涯也就不妙了。因此，對於十分渴望職場成功的員工來講，拖沓的工作作風，實在是極具破壞性。因為這個壞習慣，使人遇到什麼事情都一拖再拖，拖到實在不能再拖了，才急急忙忙地去完成工作。在這樣的工作狀態下，他怎麼能把工作做好呢？手邊工作都做不好的人，他又能有多少的執行力呢？如果是一時偷懶還好，但如果拖沓形成了根深蒂固的習慣，那麼所有的工作都會做不好。試想，如果你是老闆，你會用這樣毫無執行力的人當員工嗎？顯然是不會的。

小王是某集團公司裡的經理助理。她非常優秀，能說一口流利的英語，有很強的處理問題的能力，然而，她有一個致命的壞習慣：什麼事情都要拖到最後一刻才去做，比如準備資料，她都要拖到不能再拖了才去準備。

有一次，老闆叫她準備一下談判的資料，老闆週五要飛美國談判。她想，現在才週一，時間還早著呢，再說了談判的資料以前就做過一些準備，現在只不過再補充一下就好，用不了多少時間的。再說，不是週五才飛美國嗎，週四晚上熬個夜就好了。所以，那兩天雖然沒有什麼事情，她也不急著準備。每天，她倒是打開電腦不少次，偶爾也看看相關資料，都是寫不了幾十個字，就不想寫了。就這樣，一直閒到週四上午，她

才在電腦上一通狂敲。她認為她已經提前準備了，要不是這次會議比較重要，她一定會在週四晚上加班才把資料準備好。然而，就在忙碌地工作時，經理卻來要資料了，經理要先熟悉一下資料，便於後天去談判。看到小王剛剛才準備資料時，經理非常生氣，對小王說：「怎麼到現在還沒有把資料準備好，你是不是要我後天才在談判桌上看資料啊！」

小王一下子慌了，雖然她很快把資料弄好，在經理上飛機之前把資料送到經理手中，而且沒有造成公司多大的損失。但是當這個倒楣的經理不得不在飛機上熟悉資料時，他的心裡會怎麼想？這位小王的職場前景又會如何呢？

這個案例中的小王，有很強的能力，公司正是看中了她這一點，才讓她留在公司。然而，小王拖沓的工作作風，卻令公司很反感，雖然經理多次找她談話，她就是改不這個惡習。終於，在後來的一次工作中因為她的拖沓作風，讓公司蒙受了不小的損失。公司只好請她另謀高就了。

也許，對於一般人來講，偶爾拖沓一下不算什麼大不了的事情，但是對職場上的員工來說，絕不是什麼小事。它一旦形成習慣，便會成為製造藉口與託詞的專家。工作一遇到障礙，便會自己找理由：什麼事情太困難，局面太複雜，壓力太大，時間來不及等等看起來很合理的理由，不由自主地從嘴中說出來，而且還理直氣壯。長此以往，這樣的人，即便是清晨從睡夢中醒來，雖然一邊想自己制定的工作計畫，一邊卻捨不得被

窩裡的溫暖，於是，就不斷地對自己說：「有什麼關係，時間還早，再躺五分鐘吧。」有一便有二，五分鐘到時，他還會給自己找一個更能說服自己的理由，讓自己再多睡五分鐘。這樣一個連睡懶覺都可以找出若干條理所當然的理由的人，他在職場中又能找出多少條行事拖沓的理由呢？便可想而知了。

對於這樣一個行事拖沓的員工而言，工作如此不認真，他的職場生涯會是什麼樣子，小王的案例便是一個很好的證明。

那麼怎麼樣才能改變自己拖沓的惡習呢？最好的辦法，便是讓自己的內心充滿使命感。

有一名摔跤隊的選手小陳因為職業的緣故，他的體重超出常人，達到令人恐怖的 140 公斤。進了大學以後，他不再從事摔跤這個運動項目了，所以，他想減肥。大一、大二期間，他多次想減肥，事實上，他斷斷續續地也的確堅持了一段時間，但是都半途而廢。後來，他乾脆放棄，體重沒多久便上升到了 147.5 公斤。但進入大三後，一個令人十分驚詫的事情發生了。他僅僅用了不到半年的時間，他就將體重減到了 80 公斤。這是為什麼呢？

其實，原因很簡單，他談戀愛了。女孩子對他這麼高的體重很介意，於是，他下定決心減肥。要說愛情的力量還真夠偉大的，為了心中的她，小陳拚命地減肥。是愛情給了他減肥的動力，是愛情給予了他減肥的使命感。

在這個案例中，小陳之所以能夠成功減肥，是因為他的心

中充滿使命感。最現實的問題，他愛他的女朋友，他不能失去她，所以，小陳要拚命減肥。倒是不是因為他的女朋友給了他多大的壓力，而是因為他實在太愛他的女朋友了。是愛情激發了他內在的使命感。同樣道理，如果要改變拖沓的職場作風，同樣要有內的使命感。因為任何外在的力量，都是暫時的，一旦外在力量消失了，他的拖沓的作風還會捲土重來。只有愛上自己的工作，只有鍾情於自己的職業，他才會使自己的心中騰起使命感，而最終改變這個拖沓的陋習。

其實，這個道理不難理解。試想，第一次和女朋友約會時，你會遲到嗎？當你非常喜歡打一個遊戲時，你的思緒會不集中嗎？你的手會不自覺地做別的事情嗎？很顯然是不會的。答案很簡單，就是因為你熱愛你所做的事情。所以，想要徹底改變自己拖沓的陋習，就必須從內心喜歡自己所從事的事業。而一旦真正地愛上你從事的事業時，你是不會拖沓的，工作一定會積極而高效，踏實而認真。一句話，讓自己愛上自己的工作吧，因為一旦心中充滿了對工作的熱愛，你就會徹底改掉拖沓的陋習，如果積極地投入到工作中，那時你不想在職場中成就一番事業都難。

◆ 執行到底不留一點瑕疵

一個員工的執行力高低，不僅要看他的執行能力，更要看他的執行毅力，和堅持到底的決心。一個優秀的員工，跟普通員工之間最大的區別在於，一個是完成工作即可，如果工作中遇到困難，他隨時都有可能停下來；一個是不管在什麼情況下，他都會很努力地工作，他會想盡一切辦法克服困難，把工作做到位，力求完美。

麥可·戴爾公司是全球著名的公司，該公司的個人電腦銷售業績和銷售文化舉世聞名。那麼該公司究竟有什麼樣的成功祕訣呢？看看下面這個案例便知道了。

有一個青年人住在一個偏僻的巷道裡，一次，他想買一臺電腦。他本想自己去市區購買的。他的朋友們說，戴爾公司在本市提供送貨到府的服務，而且速度快，服務品質和服務態度也非常好。他也聽說了，這家公司的確不一般，便有心想試一試這家公司到底怎麼樣。於是，他便漫不經心地撥通了這家公司的銷售電話，告訴對方自己對電腦的要求和自己的住址後，便和朋友們聊天了。他以為，一時半會兒，戴爾公司是不會有人上門服務的。

沒想到僅僅一個多小時後，他們家的門鈴響了，是戴爾公司送貨到府的銷售員。他很吃驚，這麼快就服務上門了，看來戴爾公司的服務速度就是快。然而，還不知道他們的服務品質

如何，他想試一試。於是，他就故意板著臉，態度十分生硬地說：「現在，我很忙，沒空，半個小時後你再來吧。」說完，他非常沒有禮貌地把門「砰」的一聲關上了。

戴爾的銷售員並沒有因為他的態度不好而生氣，只說一聲「對不起」便走了。銷售員走後，他覺得有點兒內疚，他對朋友們說，他是不是太沒有禮貌了。想試一下戴爾的服務態度，也不能這樣粗暴地對待無辜的銷售員啊。他以為那個銷售員肯定受不了氣，一定是走了，不會再來了。於是，他們又繼續聊天。

沒想到，半個小時後，他們家的門鈴又響了。那個銷售員不僅來了，而且一進門向他道歉說：「實在對不起，剛才我不知道您沒空，影響您的生活了！」

這個青年人十分感動，按理說，應該是他對銷售員道歉才是，沒想到銷售員沒有對他發怒不說，一進門還向他賠禮道歉，於是，他十分感慨地說：「都說戴爾公司的服務品質和服務態度非常好，今天看來真是名不虛傳啦！」那個銷售員微微一笑，說：「謝謝您的誇獎，我們公司崇尚的是在每一個環節和每一階段都一絲不苟，絕對不允許任何傷害顧客的現象出現。」

在這個案例中，那個銷售員並不知道青年人是有意試試戴爾公司的服務態度和服務品質的，對於青年人粗暴的態度，他並不知道是有意為之，然而，正因為如此，才更加真實地反映了戴爾公司的服務品質和服務態度的確是高。銷售員按顧客要求上門服務，可以說沒有任何錯誤，然而，他竟然平白無故地

遭受了一頓罵，按理來說他應該非常委屈，但是他非但沒有生氣，還十分真誠地向青年人道歉。這樣的執行毅力和堅持到底的決心實在令人佩服。說到這，就不得不說明一下，一間公司的形象是由無數員工的辛勤勞動換來的，也就是說，這個銷售員不僅僅對於那個青年人是這樣的服務態度，其實，他對於所有的客戶都是這樣的態度。這十分不容易了。事實上，正是因為無數個這樣的銷售員，無數次地提高服務品質，才慢慢樹立戴爾的品牌形象。所以，任何一個員工的執行毅力和執行到底的決心，對於公司都具有十分重要的意義。因此，公司十分在意員工的執行毅力和執行到底的決心。

請看下面的一個職場應徵案例：

一家建築公司正在招聘一名設計師，有三個年輕人非常優秀，他們闖過了一關又一關，從眾多求職者中脫穎而出。公司對這三個人都非常滿意，但是不知道他們執行力如何，於是，人力資源部經理便想試一試他們，想從他們中選出一位有堅強的執行毅力，什麼事情都能夠執行到底的人來擔任公司的設計師。

於是，人力資源部經理把他們找來說：「你們都已經被公司錄取了。請跟我來。」說完，把他們帶到了工地。經理指著地上橫七豎八擺放的三堆散落的紅磚，對他們說：「你們每人負責一堆，將磚頭整齊地堆成一個方垛。」然後，經理便走了，留下了一頭霧水的三個人。

甲非常疑惑地說對乙說：「不是說，我們已經被錄取了嗎？

怎麼會讓我們來堆磚頭呢？」乙也感到莫名其妙，於是對丙說：「我是來應徵設計師的，又不是搬運工，經理這是什麼意思啊？」丙雖然心裡也感到疑惑，但是他卻沒有問，而是對甲和乙說：「不要瞎猜了，既然經理讓我們堆紅磚，那堆就是了，不用問為什麼。」說著，就做了起來。甲和乙無可奈何地也跟著做了起來。然而沒多久，甲便堅持不住了，對乙和丙說：「經理都走了，我們歇會吧，他又看不到。」乙也累得快不行了，也跟著說：「是啊，我都快累死了，那就休息一會兒吧。」丙卻說：「你們休息吧，我不累。」他一邊說，一邊頭也不抬地堆紅磚。

等到人力資源部的經理再次回來時，丙只剩下二三十塊磚沒有堆好，而甲和乙卻僅僅完成了工作量的 1/3。經理笑了笑說：「下班時間要到了，明天繼續做吧。」甲和乙非常開心地扔掉了手中的磚，不約而同地說：「哎喲，把我累死了。晚上可得好好休息。」丙卻頭也不抬地說：「經理，你們先走吧，我還有一會兒就結束了。」雖然他也腰痠背痛，但是丙還是堅持將最後的二三十塊磚堆齊了才下班。

回到公司後，一個令他們三個人都沒有想到的事情發生了。人力資源部經理忽然對他們宣布說：「其實，這次公司只聘用一位設計師，剛才讓你們三個人去堆紅磚是對你們的最後一場面試。我現在告訴大家面試結果：丙獲得了本公司設計師的職位。」

甲和乙驚訝地瞪大了眼睛，沒想到剛才堆磚竟然是面試，更沒有想到是丙應徵成功了。看著他們疑惑的眼睛，人力資源

部經理說：「其實，剛才我一直在遠處觀察你們。你們在工地上的表現我看得一清二楚，還用我再解釋什麼嗎？」

在這個案例中，丙之所以能夠勝出，不是因為他在智力上、能力上高出甲和乙多少，事實上，他們三個能夠脫穎而出，本身就說明他們都有非凡的能力。然而，能力是一回事，能不能被公司看重就是另外一回事了。從上面的案例中，其實不難看出，公司招聘員工，不光看員工的硬能力，更看重他的軟實力 ── 執行力。在同樣面對堆磚這件事上，甲和乙首先想到的是自己，想到的是經理為什麼要讓他們這樣做，而丙首先想到卻是公司，他覺得經理讓他們這麼做，自然有經理的道理。所以，他選擇的是無條件執行公司的命令。工作中，遇到了困難時，甲和乙選擇的是退卻，而丙卻選擇堅持不懈地做下去。更重要的是甲和乙明顯有特別做給公司看的意思，而丙卻一聲不吭地、不折不扣地執行公司的命令。即便是累得快不行了，也還是堅持著，直到完成。這樣執行到底不留一點瑕疵的素質，又有那一家公司不喜歡呢？這樣的員工，又有哪一家公司不願意聘用呢？

因此，行走在職場中的人，在擁有相當工作能力的同時，還要有相當的執行力才可以。公司對那些執行到底不留一點瑕疵的員工特別青睞。可以肯定地說，這樣的員工在將來的職場中將會格外的順暢。如果一直保持這樣的職場風格，那麼成功對於這樣的員工來說將是必然的。

第三章

溝通力 —— 將溝通轉化成價值

　　溝通力是職場員工的一個十分重要的能力。

　　現代企業發展到今天，已經與傳統企業不可同日而語，機械化、智慧化、資訊化的程度非常高。但是，需要說明的是，開機器的是人，設計程式的是人，掌握資訊的也是人。而一個龐大的現代企業是無法由一個人獨自完成一切操作的，退一步說，即便是一個企業已經極為現代化了，的確只要一個人便把企業生產的一切都搞定。可是，企業不是生存在真空中，企業的生存發展，是絕對離不開顧客的，也就是說企業終究是要面向市場，面向眾多顧客，而要完成這一切是絕對離不開人的工作。這麼多人都向著一個總的目標前進，這就存在著分項合作溝通的問題。因此，現代職場中員工的溝通力，跟以前相比不是被看輕了，恰恰相反，而是更為現代企業文化所看重。

　　那麼，什麼是溝通力呢？溝通力是人與人之間進行資訊交流的能力。溝通能力越強，對於企業來講，就越能把企業的策略貫徹下去；對於員工來講，他們就越能進行有效的合作；對於企業的對外交流、合作、業務發展來講，就越有利於企業的長遠發展。所以，企業對員工的溝通力都看得很重。

◆ 溝通的重要性

　　職場中的溝通幾乎時時刻刻都在進行著，因為只有相互溝通，人們才能共同合作，完成各項工作任務，從而讓企業井然

有序地運作。所以，無論對於企業來說，還是職場中的員工來說，溝通都是非常重要的。企業管理離開了溝通，各部門便無法協同工作，企業的策略便無法實現，實際上，公司也就無法運行了。員工和上司之間沒有了溝通，員工便無法理解領悟上司的心意，無法展開工作。員工之間沒有了溝通，他們便要獨立作戰，這樣無異於是盲人摸象，最終使企業的策略無法得以分解實施。對於員工自己來講，也因為沒有了溝通，而不知道自己的工作方向，當然，他的工作效果便可想而知了。

下面的一個案例很能說明問題：

在美國一個農村裡，住著一家四口人。老頭，還有他的三個兒子。大兒子、二兒子分別在不同的城市裡工作，只有小兒子跟他在家裡一起生活。他們日出而作日落而息，過著相依為命的日子。

有一天，突然有一個人找到了老頭，對他說：「老人家，我想把您的小兒子帶到城裡去工作，可以嗎？」

老頭十分氣憤地說：「不行，你是什麼意思，你給我滾出去！」

這個人並不氣餒，接著說：「老人家，您別生氣嘛，如果我在城裡為您的兒子找個對象，這樣可以嗎？」

老頭還是搖搖頭：「不行，這件事情不用你來操心，你還是走吧！」

這個人仍沒有死心，繼續說：「老人家，您再考慮一下吧。

如果我為您兒子找的對象，也就是您未來的媳婦是洛克斐勒的女兒呢？」

什麼，洛克斐勒的女兒？美國首富？老頭動心了，說：「既然是這樣，您就把我兒子帶進城裡吧。」

說服了老頭後，這個人便進城找到了美國首富石油大王洛克斐勒。這個人對石油大王說：「尊敬的洛克斐勒先生，我想為您的女兒找個對象，可以嗎？」

洛克斐勒非常憤怒，心想，你是什麼人啊，憑你也要替我女兒找對象，也不看看自己是誰。洛克斐勒非常不禮貌地說：「快滾出去吧！」

這個人，仍舊氣色平和地說：「如果我為您女兒找的對象，也就是您未來的女婿是世界銀行的副總裁，您看可以嗎？」

洛克斐勒想了想，覺得這還不錯，只有世界銀行的副總裁才可以做我的女婿，這樣才門當戶對嘛。於是，他同意了。

過了幾天，這個人找到了世界銀行總裁，對他說：「尊敬的總裁先生，您必須馬上任命一個新的副總裁！」

總裁先生感到很奇怪，便對他說：「這是不可能的。我這裡這麼多副總裁，為什麼還要再任命一個副總裁呢，而且還必須馬上？」

這個人說：「如果您任命的這個副總裁是洛克斐勒的女婿，您看可以嗎？」

　　總裁先生一聽是美國首富石油大王洛克斐勒的女婿，他當然同意了。

　　這個故事是否真實，其實不必過分在意它，但它在一定程度上展現了溝通的力量。想想一個農民的兒子，本來他的生活軌跡若不出意外的話，應該待在農村。但是突然來了一個人利用老頭貪圖榮華富貴的心理，說服了老頭把小兒子帶到城裡。這個人又利用石油大王洛克斐勒想給自己的女兒找一個門當戶對的對象的心理，同意他給他的女兒找對象。同樣，這個人也是利用了世界銀行總裁想和石油大王攀龍附鳳的心理，所以任命了一個新的副總裁。

　　這個人充分利用了不同人的不同心理，運用三寸不爛之舌，竟然說動了各界人士，把一件本來絕對不可能的事情做成了。這充分說明了溝通的重要性。其實，這樣的溝通現實生活中隨處可見。

　　眾所周知，工業化的時代早已過去，知識化的時代也已經過去，現在是前所未有的資訊時代。在這個瞬息萬變的時代，公司與公司之間、部門與部門之間、上司與員工之間、員工與員工之間都存在著大量的資訊溝通。溝通的管道是不是暢通，溝通的方式是不是多樣，溝通本身是不是到位都將直接影響溝通的效果，而最終影響公司的運作。所以，現代職場中溝通是十分重要的。

　　請再看一個小故事：

　　有一隻新組裝好的小鐘被放在兩口舊鐘當中。兩口舊鐘不

緊不慢地「滴答」、「滴答」地走著。

　　過了一會兒，其中一口舊鐘對小鐘說：

　　「來吧，你也該工作了。可是我有點擔心，當你走完三千一百萬次以後，恐怕便吃不消了。」

　　「什麼？天哪！我要走三千一百萬次。」小鐘吃驚不已，「要我做這麼大的事嗎？我怎麼能辦到呢？」

　　另一口舊鐘安慰它說：

　　「別擔心，不要聽他胡說八道。他說錯了，哪裡要走那麼多啊？你只要每秒滴答擺一下就行了。」

　　「哦，真的嗎？每秒走一下，還是容易做到的。天下真有這麼簡單的事情嗎？」小鐘半信半疑問道。

　　另一口舊鐘說：「是啊，不信你試試吧。」

　　「那好吧，既然這樣，那我就試試吧。」小鐘說。

　　小鐘很開心，因為它真的能夠很輕鬆地每秒鐘「滴答」擺一下，不知不覺中，一年過去了，它擺了三千一百多萬次。

　　在這個故事中，一口舊鐘告訴小鐘每年要走三千一百萬次，舊鐘並沒有說謊話，但是這個龐大的數字卻把小鐘給嚇壞了。而另一口舊鐘，沒有提三千一百萬次，而是換了一個說話的方式，說每秒只要滴答一下就行了。其實，他和第一口舊鐘說內容是一樣的。但是聽起來卻覺得這件事並不是很難，於是，小鐘很樂意地接受了。事實上，小鐘不但樂意地接受了，

而且圓滿地完成每年三千一百萬次的擺動任務。一個原本在小鐘看來，根本就完成不了的事情，就因為改變了一種說法，便順利完成了。這可以想見溝通的巨大作用。

所以說，在現代職場中溝通是一件十分重要的事情，無論對於上司來說，還是對於員工來說，溝通都是非常重要的事情。

◆ 會溝通就是會說話嗎

許多人以為會溝通和會說話是一回事，其實，不是一回事。會溝通只是從說話的人意願出發，他想溝通，他想表達自己的看法，而且還能積極採取各種方式和別人溝通。然而，僅僅會溝通是遠遠不能算是會說話的。因為光有意願，光有想法，如果溝通的思想和方法不對的話，也無法形成有效溝通，也就是說會溝通不等於會說話。

ERA 是一家日資企業的日方雇員。他是製造部門的經理，工作認真踏實，恪盡職守。他總是想方設法把工作做得出色。所以外派到公司國外據點時，他就對製造部門進行改造。經過長時間的研究，他發現工作現場的資料如果能夠及時地回饋，很利於工作的開展。於是，他決定從生產報表開始改造。

他首先研究了該國工廠的一般做法，再借鑑母公司經驗，熬了幾個通宵後，他完成了報表設計工作。這一份報表設計得

非常完美，從報表中可以清楚地看到生產中的任何一個細節。他設想著每天早上所有的生產資料都及時回饋到他的辦公桌，那樣，他就拿到了生產的第一手的資料，對於研發、生產都有好處。然而，沒過幾天，公司發生了一起很大的品質事故。他以為是自己沒有看清報表，然而，報表上根本就沒有任何問題。也就是說報表上並沒有反映出來生產的實際情況。這時ERA 這才知道，報表是很精美，但是報表上的資料卻是員工隨意填上去的。

　　他很生氣，為了這事，ERA 多次找相關員工開會。跟他們溝通，告訴他們認真填寫報表的重要性。但是好景不長，每次溝通後，開始幾天，還可以，但是用不了幾天，就還是老樣子了。ERA 非常苦惱，不知道國外廠的員工是怎麼回事。

　　其實，ERA 的苦惱是很多企業主管都會遇到的問題。看起來，這是員工素養問題，其實，這是一個溝通問題。對於 ERA來說，他已經多次跟員工溝通，他認為他的溝通是清楚到位的。然而，員工還是沒有按照他的要求去做，這是為什麼呢？這是因為對於 ERA 來講，他自認為會溝通，其實並不代表他會說話，他雖然是跟員工溝通了，但是員工能不能真正的理解，那就是另外一回事了。然而，ERA 忽視了這一點，他忽略了溝通是雙向的。

　　對於現場的操作員工而言，他們不是不想執行經理的指令，只是他們很難理解 ERA 的工作目的。對於大多數員工而

言，那些枯燥乏味的資料分析，距離他們的實際生活，距離現場的操作實在是太遙遠了。在大多數員工看來，只要好好工作就是了，他們來是賺養家糊口的，那些資料分析跟他們沒有什麼關係。進一步說，經理和員工看問題的角度是不一樣的，當然對同一個事物的認知也就大相徑庭了。從經理的角度看，他已經跟員工溝通了，但是由於各自所站的高度不一樣，思考問題的角度不一樣，對相同問題的看法因而迥然而異，所以僅僅是開會強調，這樣的溝通方式是不會有什麼實際效果的。

但是，如果站在工人的角度去設計溝通的方式，可能效果要好一些。後來，ERA 也了解到了這一點，於是，他把如實填寫報表和員工的薪資獎金連繫起來，並要求幹部經常檢查。這時，員工才感覺到填寫報表跟他們的生活是息息相關的，跟他們的切身利益是緊密相聯的，因此，沒多久員工便普遍重視起來。

這個案例中，其實經理還是原來的經理，員工還是原來的員工，說不上經理比原來聰明了多少，也談不上員工原來不認真，現在工作作風改變了。其實，只是經理改變了溝通方法，儘管從員工的角度，還是無法理解認真填寫報表對整體生產的重要性，但是因為他們知道了認真填寫報表跟自己的利益有關，也就認真填寫了。如此說來，從員工的角度雖然未必多深地理解了經理的想法，但是經理改變溝通方式後，員工從自身利益的角度理解了填寫報表的重要性，並認真做了。對於經理

來講，他的溝通意圖達成了。

因此，在溝通中，不是說會溝通就能有實際的溝通效果。其實，人與人不一樣，不要天真地認為所有的人都會有著同樣的認知、看法，甚至看問題的角度都一樣。如果從這樣的思想基礎出發，不管你多麼善於「溝通」，最終都因為對方根本就不能認同你的語言，而很難進行有效的消息交流。也就是說會溝通的人，不一定會說話。

有一家大型公司，正在高薪招聘行銷主管。

對於行銷員來講，有效溝通是十分重要的。因為不管你說得如何天花亂墜，最重要的是要顧客理解，認同你的觀點，說白了，就是要顧客最終決定買你的產品。因此，此次招聘的要求很高，經過幾輪廝殺後，甲、乙、丙三個人脫穎而出進入了「決賽圈」。

因為這個職位薪水很高，他們都十分珍惜，所以，決賽前他們都做好了充分準備。然而，讓他們想不到的是，公司給他們的決賽行銷題竟然是把木梳盡量賣給和尚，誰在十天裡賣得最多，便是最終的勝利者。

三個人雖然十分不解公司的想法，但是他們還是想方設法去行銷了，以爭取成功。

十天很快便到了，面試官問甲：「你賣出多少把？」甲回答道：「一把。」「你怎麼賣的？」甲便滔滔不絕地講述著賣梳過程中的辛苦艱辛，他說他雖然想盡了辦法，但是沒有一個和尚願

意買他的梳子，因為他們根本就不需要。後來，下山途中恰巧
遇到一個小和尚一邊晒太陽，一邊用手抓頭皮。於是，甲靈機
一動，遞上木梳給他，小和尚覺得用木梳抓頭還不錯，於是便
買下一把。

　　輪到乙說了，他很自豪地告訴面試官，他賣出了十把。面
試官很驚訝，忙問他怎麼賣的。乙說，他去了一座名山古剎，
由於那裡的山風很大，所以，香客們的頭髮都被吹亂了。乙
想，決賽行銷題中說把木梳賣給和尚，卻沒有說一定要讓買木
梳的和尚自己用啊。和尚只要買下來就行了呀。想到這，他非
常開心。於是，他找到寺院的住持，對他說：「佛門乃清靜之
地，善男信女們如果一個個都是蓬頭垢面地來拜佛，那是對佛
的大不敬。住持應該在每座廟的香案前放把木梳，以供善男信
女梳理鬢髮，誠心向佛。」住持覺得乙說得很有道理，便採納
了他的建議。因為那座山有十座廟，所以，住持便買下了十把
木梳。

　　面試官問丙：「你賣出多少把？」丙回答道：「1,000 把。」
面試官大為吃驚，趕忙問他怎麼賣的。丙說，他來到一座頗具
盛名的深山寶剎，那裡的香客往來不絕。於是，丙想，賣木梳
給沒有頭髮的和尚自己用，那肯定是不行的，我能不能從香客
身上多想想呢。經過認真思考後，丙找到了住持，對他說：
「貴剎如此繁盛，是因為香客們一心向佛，十分虔誠。所以，寶
剎對於香客們應該有所回贈，作為紀念，一來保佑香客們歲歲

平安，二來鼓勵他們多多地積善行德，不也是功德一件。我剛好有一批木梳，可以作為回贈的禮物。我想，您是著名的書法家，如果在每把木梳上刻上『積善梳』三個字，那就更好了。」住持聽了大喜，立即買下 1,000 把木梳。得到「積善梳」的施主與香客們也很高興，於是，一傳十、十傳百，朝聖者更是絡繹不絕，香火比以前更旺了。面試的結果，自然是丙獲得了行銷主管的職位。

　　這個故事很發人深思。甲、乙、丙三個人，能夠過五關斬六將，最終殺進「決賽圈」，這本身便說明他們都是能力非凡的人。作為一次非常重要的行銷招聘，對應徵人員的溝通能力考核自然是重中之重。很顯然，他們這方面的能力都不弱，然而，最後在決賽行銷題比賽中，三個人的表現為什麼相差這麼大呢？

　　看起來是三個人的思維方式不同，然而除了思維方式不同外，更重要的是三個人溝通的策略不同而導致不同的效果。客觀地講，甲應該還是很盡職的，他為了把木梳子賣出去也是經盡千辛萬苦。他為了說服和尚買他的木梳，把好話盡，但就是沒有和尚願意買他的梳子，因為不管他的三寸不爛之舌多麼能說會道，還是改變不了和尚沒有頭髮根本不需要木梳這個事實。不管甲是如何的巧舌如簧，他的溝通都無法讓和尚認同，當然，也就賣不出去任何一把木梳了。至於最後他終於賣出了一把，那純粹是瞎貓碰到死老鼠 —— 歪打正著。

乙就不一樣了，他首先在不改變決賽題的基礎上，重新定義了決賽題。乙的思維角度改變了，當然，隨之而來的便是他的溝通方式也改變了。他不是在試圖說服和尚自己用木梳，而在說服和尚買下木梳，提供來拜佛的香客梳理鬢髮以便虔誠拜佛。虔誠拜佛對於佛家來講，是最重要的。乙說到了住持的心裡，住持認同了他的觀點，於是，乙賣出了十把木梳。

至於丙，他的思維就更加開闊了，他跟住持的溝通更有深意。他說服住持購買他的木梳贈送給香客們，這樣做不但能讓香客們廣為布善，更可以讓寶剎香客不斷。對於住持來說，如能讓香客積善行德，還能讓寶剎永繼，這不是就是佛家的最高境界嗎？再說了，還能讓自己的書法作品廣為流傳，不也是美事一件？所以，住持大喜，一下子買了 1,000 把木梳。

綜上所述，古往今來巧舌如簧的人很多，自認為會溝通的人也很多，但是只有知道對方需要什麼，把話說到對方心裡去，這樣的溝通才是真正的溝通。這樣的人才是真正地會說話。現代職場中隨時都需要溝通，無論是匯報工作，還是同事間合作，或是開拓市場，一廂情願的溝通都是沒有用的，只有深入到對方心靈的溝通，才是真正有效。也只有這樣的溝通，才能算是會說話。

◆ 多樣化的溝通管道

老虎、獅子是非常凶悍的動物，他們幾乎沒有什麼天敵，所以不害怕任何動物，包括狼。然而，雖然老虎、獅子不怕單隻的狼，但是他們卻害怕遇到狼群。大多數人認為那是因為雙拳難敵四手，單隻的老虎、獅子當然無法對付「狼」多勢眾的狼群。其實，人們有所不知的是，不僅僅因為「狼」多勢眾，老虎、獅子在狼群面前顯得力不從心，還因為狼群在進攻獵物之前，一般都會進行溝通。而這有效的溝通，使他們形成了一個強大的族群。他們分工合作，嚴格按照事先商量好的「策略」進行攻擊，所以狼的攻擊力量強大，成功率也非常高。

動物學家發現，狼在溝通時相當仔細、有序，而且方式相當多樣化。牠們可以透過不同的叫聲、眼神、動作來進行交流，而且這個溝通的過程往往時間較長。正因為狼群經過了充分地、多管道地交流溝通後，他們形成了一個攻擊有序安排得當的族群，所以狼群狩獵的成功率很高。

其實，狼群的多種方式交流，跟職場中的多樣化溝通有著異曲同工之妙。職場中也要根據不同的情況，綜合運用多種交流管道，從而保證交流暢通和工作的順利開展。

這本來不是問題，試想，如果不能進行充分地溝通，又怎麼能夠把工作做好呢？然而，事實卻不是想像中的那麼簡單。至少，不會按人們理所當然地認為。因為任何人都有自己的偏

好，並且很執拗地認為自己的偏好是正確的。當然，如果是作為一般的興趣愛好，每個人有自己的特殊偏好，這是無可厚非的，然而，如果把這樣的偏好下意識地用到現代職場的溝通中，那就很不好了。特殊情況下，還會出問題。

小張是一家跨國公司的經理祕書。眾所周知，祕書工作十分煩雜，稍有懈怠就有可能出問題。好在，小張是一個工作非常細心的女孩子，而且，工作極為認真，因此，儘管經理的排程比較緊張，她總是安排得井井有條。她之所以工作如此出色，這跟她養成了什麼事情都記下來的好習慣有很大關係。她雖然是一個心思縝密的女孩子，但因為工作頭緒太多，她怕忘了，所以什麼事情都記錄在一個專門的本子上。因為許多工作都非常重要，不允許出任何一點問題，因此她常常用書面形式上報經理。她的書面報告層次清楚，表達簡潔，經理一看便明白了，不需要再進行多少交流。因此，經理對於她一絲不苟的工作態度非常滿意，經常表揚她。她也覺得自己做得不錯。但是有一次卻出了大問題。

那一次，經理要跟一家大公司進行一項十分重要的商業談判。因為事關重大，經理便一再叮囑小張，好好準備對方資料。小張知道事情輕重，於是，熬了好幾個夜，終於把資料準備好了，並放到經理的辦公桌上。可巧的是，當晚經理去鄰市的分公司開緊急會議，直到很晚會議才結束，回來已經來不及了，便隨便找了一家賓館休息了幾個小時。第二天一早，經理

沒有來到公司，便直接去機場了。等到經理來到機場時，小張
已經在機場等她了。經理問他資料帶來了沒。小張一下子慌了
神，小張以為經理已經看過她放在經理辦公桌上的資料了。所
以，小張並沒有把資料帶來。現在回去拿已經來不及了，飛機
馬上就要起飛。於是，在飛機上，小張只好口頭匯報材料。然
而，因為資料太多，有的她已經記不清了。儘管他們下飛機
後，公司用傳真的方式把資料發給了經理，但是因為馬上就要
談判，他已經來不及細看了。談判進行得不是很順利，雖然最
後還是談了下來，但是公司卻損失不少。

　　在這個案例中，看起來責任不在經理，又似乎不能怪小
張，因為她畢竟把資料準備好了，而且資料詳細，表達清楚。
然而，談判不順卻是不爭的事實。很顯然，小張還是有責任
的。本來是計劃好的，經理在飛機上熟悉資料，下飛機後立即
談判。但是，小張把準備的資料按照慣例放到了經理的辦公桌
上，儘管小張精心準備，然而不可否認的是她只進行了一種方
式的溝通 —— 書面溝通，當意外情況發生時，她又無法有效地
利用其他形式進行補充溝通，從而影響了公司的工作，小張的
確有不可推卸的責任。

　　當然，這個案例中的經理也是有責任的。不過，小張只用
一種形式進行交流資訊，導致交流管道不暢，而造成公司的損
失，這也是不爭的事實，顯然小張是難辭其咎的。

　　所以，現代職場中的相互交流，要充分利用各種形式，透

過多樣化的溝通管道進行有效的溝通，從而保證各項工作能夠高品質的完成。

一般說來，可以根據工作需要選擇當面溝通、書面溝通、電話、電子郵件、網路交流等電子溝通的方式，或者根據情況綜合起來運用。另外，在溝通過程中，還要充分運用肢體語言，如動作、語氣、速度、眼睛等輔助手段輔助自己溝通。

◆ 主動匯報工作

主動匯報工作對於職場員工來講是十分重要事情。

有人看不起那些主動匯報工作的員工，認為沒那個必要，甚至還有人認為那是諂媚奉迎，是在刻意地阿諛奉承。當然，必須承認的是，生活中什麼樣的人都有，有一些人向上司匯報工作，的確有不正當的用意，但是如果把主動匯報工作完全等於阿諛奉承的話，那就錯了。

主動地匯報工作，其實是為了更好的開展工作，是為了取得更好的工作效果，而不是為了別的目的。那些不願意主動匯報工作的員工，他們埋頭苦幹，那種精神值得褒揚，而且事實上每一個員工都要踏實地工作，但是僅僅這樣做還是不夠。畢竟時代變了，現代職場跟過去遠遠不一樣了，那種酒香不怕巷子深年代已經一去不復返了。

　　埋頭苦幹，踏踏實實地完成上司安排的任務固然十分重要，但也不是只要出色完成了任務，就萬事大吉了。有些人認為只要自己認真地工作，上司就一定會看到自己的能力，看到自己的成果，並且就一定會做出公正的評價。這有點想得太美好了。應當承認，現代職場對於上司來講，他們應該重視員工，但是如果把自己的職場生命完全託付給別人，這樣做的風險實在大了些。再說了，也不一定是上司不想看到你，更多的情況是，上司看不到你，是因為他們的工作都很忙，他們沒有機會，也沒有時間看到你的存在。再加上，現代職場中競爭那麼激烈，優秀的人才那麼多，你的那一點成績，如果你不主動匯報工作，很有可能被淹沒在職場的「汪洋大海」之中，而很難被上司看見。這對於一個很努力工作的員工來講，是不公平的。他可能因此而喪失了許多晉升的機會和加薪的機會。這還是那些已經出色完成工作的員工，他們的職場生涯都很有可能因為不願意主動匯報工作，而可能平平淡淡。

　　對於那些不主動地向上司匯報工作的員工，如果因為沒有及時溝通，而使自己的工作結果跟上司的期待發生很大的偏差，甚至出現了重大失誤，那麼他的職場前途就暗淡許多了。所以，無論從哪個角度講，都要學會主動跟上司溝通。

　　有一個案例很發人深思：

　　有一個公司的總裁，他想鍛鍊自己的兒子，就把兒子安排到自己的子公司之下做最基層的工作，希望兒子能夠一點點累

積工作經驗，慢慢地成熟起來，將來好接自己的班。因此兒子到了基層後，總裁沒有把兒子的身分告訴任何人。他兒子也很爭氣，他想他一定要靠自己的雙手打下一片天來，他一定不要靠爸爸的力量登上公司高層，最終接下爸爸的班。所以，到了基層後，兒子一直沒有把自己的身分告訴任何一個人，他跟所有的員工在相同的工作環境中工作，吃、住、行完全是等同一個普通員工。他十分努力地工作，他想用自己的業績證明的自己的能力，他想靠自己的努力進入公司高層。

說實話，總裁的兒子真是不錯，工作也很出色，而且難能可貴的是，他從來不在公司裡張揚，只是一個勁兒地埋頭做事。慢慢地，公司裡的人都認為他是一個只會做事的老實人，誰也沒有把他當回事。儘管他的業績還是很好的，但是上司卻一直沒有提拔他。就這樣工作了兩年，總裁查看了兒子的業績非常滿意，便找個機會想提拔兒子，然而，沒有一個經理提起他的兒子。

後來，他把兒子所在公司的經理調總公司工作，臨走時，向他徵詢接替他的人選意見時，這位經理一連推薦了兩三個人，卻一個都不是他的兒子。當總裁主動詢問他兒子的工作情況時，經理一愣，想了想說：「這個人的工作能力也還行，每次安排的工作，他都能出色地完成，只是給人的印象很普通、很平常。他常常默默無言，只知道死工作，如果讓他來接替我的位置，恐怕……」

　　經理雖然沒有往下說，但是總裁知道他要說什麼了。其實，如果不是想提拔自己的兒子，總裁多半會是接受這位經理的建議。如果不是這種特殊身分，兒子是無論如何都不可能成為經理的，即使兒子的工作表現很出色。

　　這個案例中的兒子雖然最終走上了上級的位置，但顯然是外力的操作。這就告訴人們僅僅埋頭苦幹是很難得到上司的賞識，至少，很難發現你。因此，職場中的人要十分注意跟上司主動匯報工作。

　　不僅如此，主動地匯報工作還會最大可能地減少失誤。至少，主動地匯報工作，能夠讓上司及時掌握工作的進程，對工作中出現的問題，上司能及時給予指導，以免讓自己的工作跟公司的心意發生較大偏差。而且，因為市場的變化，或者是公司策略的轉變，工作指令隨時都有可能發生改變，此時，如果員工能夠主動匯報工作，那麼他就有可能第一時間內知曉公司的新政策和工作期待。所以，主動匯報工作，無論是對公司還是對自己的職場，都很有好處。

　　有一個很盡職的員工，他奉命到一個偏遠城市開拓市場。他到了那個城市後，首先進行市場調查。他發現那裡的大客戶的競爭實在太激烈了，如果他的工作從大客戶入手，可能很難見到效果，於是，他就決定從一些小客戶入手。他的意思是先占領小客戶，等公司的產品在這個城市有一些根基後，再尋找機會慢慢地向大客戶出手。

　　3 個月後，他的工作終於有一些起色。他非常高興，這時候恰好經理來他的城市視察。他便把自己如何辛苦工作的過程，喋喋不休地向經理說個不停。然而，他絲毫沒有意識到經理已經很不耐煩了。經理突然打斷他的話說：「你還記得公司的銷售目標嗎？你這樣做，你能完成公司今年的指標嗎？」

　　銷售員本來想說，他這樣做正是想努力完成公司的年底目標，但是他一下子被經理問住了。經理已經很不高興了，他說：「為了公司年底目標，你還是把精力放到大客戶身上吧。」

　　幾個月後，這位十分賣力而且工作很有起色的員工，被經理調到了別的職位，可想而知，這位銷售員未來的職場生涯會如何。

　　這個案例中，銷售員的工作其實是很出色的，他完全可以把職場走得更順利一些，但是很遺憾的是，他的努力顯然沒有取得令他滿意的效果。為什麼會出現這樣的狀況呢？其實，說來也不難理解，就是因為他奉行的是埋頭苦幹的職場理念。如果這個銷售員在工作中，及時地向經理匯報，告訴他市場調查的結果，和他即將採取的工作措施，經理多半會支援他的。即便在實際運作過程中出現一些小的失誤，經理也會幫助他的。至少，不會出現被經理完全不認同的局面。這就是不願意主動匯報工作帶來的負面效應。

　　因此，無論是從公司的角度講，還是從員工的職業前途的角度講，主動匯報工作都是很必需的一件事情。

◆ 性格決定溝通效果

　　俗話說得好，爬山要懂山性，游泳要懂水性，職場溝通要懂得人性 —— 人的性格。因為不同性格的人，就要用不同的溝通方式去跟他溝通，這樣才能取得比較好的溝通效果。而且，還要明白自己是什麼樣的性格，也決定了自己會採用什麼樣的方式跟別人溝通。因此職場中的員工，不但要了解對方的性格，也要清楚自己的性格，這樣才能有效地採取合適的方式跟別人溝通，從而最大可能地取得好的溝通效果。

　　一般來說，人的性格分為四種類型：活潑型、力量型、完美型、和平型。

- **活潑型的人**：外向、開朗，喜玩，話多，愛笑。這種人給人的感覺是長不大。

- **力量型的人**：外向、易怒、控制欲強，喜歡當老大，性格強烈。

- **完美型的人**：內向，事事都力求完美，做事一絲不苟很有條理。

- **和平型的人**：內向、順從、安靜。

　　這裡有一個故事，很能說明人的性格：從前有四個死刑犯，臨行刑的那一天，不知道怎麼回事，斷頭臺突然壞掉了。

　　活潑型的死因說：「太好囉，這下不用死了，大家明天開個

Party 慶祝一下！」

完美型的死囚說：「咦，這是怎麼回事，我要仔細研究一下，這個斷頭臺怎麼會突然壞掉了呢？：」

力量型的死囚說：「我早就跟你說過我沒罪，連上帝都眷念我們，看斷頭臺不是壞掉了嘛！」

和平型的死囚說：「阿彌陀佛，大家都沒事就好。」

這個故事中的四個死囚，因為各人的性格不同，面對同樣的事實時，他們的態度、感情、行事的方式幾乎完全不同。職場中，如果對完全不同性格的人，採取同樣的溝通策略，溝通效果便可想而知了。

下面再舉一個家喻戶曉的例子 ——《西遊記》中的四個人物做個說明：唐僧，一個謙謙君子的模樣，平時不苟言詞，不跟徒弟玩笑，只是不停地唸經，屬於典型的完美型。孫悟空，除暴安良、疾惡如仇，喜歡打架，不甘心做一個養馬的弼馬溫而自封為齊天大聖大鬧天宮，他屬於力量型。豬八戒則不同，他好吃懶做，好色、喜玩，屬於活潑型。沙僧，不愛說話，一直做著挑行李的工作，而且大師兄叫做什麼他就做什麼，屬於和平型。

當然，現實生活中，絕對性格分明的人其實是不多的，大多數情況下，兩種以上類型的複合性格比較多。但是，不管是什麼樣的性格的人，跟他們溝通，都要注意他們的性格。而且，自己是什麼性格的人，說話的方式也不一樣，溝通的效果

自然不同。比如跟唐僧這樣的人溝通，如果你一本正經地討論生活、工作，他會十分地樂意，而且他也會認為你是一個不錯的人；對於像孫悟空那樣的力量型的人，如果文縐縐地跟他進行交流，他會很煩的。最好是直截了當，直奔主題。而對於像豬八戒這樣性格的人，跟他們進行交流，既不要粗魯，也不要文質彬彬地討論，要活潑一些，說得通俗有趣點；而對於像沙僧這樣性格的人，溝通起來要容易一些，只要平靜地把事情說清楚就行了。

請看下面的一個案例：

一家公司，今年的業績不錯，公司為了獎勵開發部的員工，便制定了一項非常人性化的旅遊計畫，然而，不知道是什麼原因，開發部有 13 個人，但是公司卻只給了 10 個名額。這讓經理非常煩惱——讓哪 3 個員工不去呢？最好的辦法是跟公司再爭取 3 個名額，這樣就皆大歡喜了。然而，如何跟上級溝通呢？不同性格的經理，在爭取名額時，說話的方式就很不一樣，當然，溝通的效果也是不相同的。力量型的經理會這樣跟總經理說：「總經理，我們部門有 13 個人，怎麼只有 10 個名額啊？」

活潑型的經理會說：「總經理，太好了，可以去旅遊了，不過，只有 10 個名額不夠啊，您再給我們 3 個名額吧。」

如果是完美型的經理，他會這樣跟總經理說：「我們部有 13 個人，為什麼只給我們 10 個名額呢？再給我們 3 個名額更恰當

吧？」

如果是和平型的經理可能會說：「不錯，有 10 個旅遊的名額，如果再給我部 3 個名額就更好了。」

很顯然，上述四種不同性格的人跟總經理溝通的方式是不同的，當然產生的效果也不一樣。力量型的問法有很強的責問意味，不但沒有達到溝通目的，反而引起總經理反感；活潑型的說法，顯然要讓總經理心裡好受多了，不過還是難以說服總經理再給 3 個名額；完美型的問法，聽起來像是自己在想方設法地出主意而沒有顧慮總經理的面子，溝通的效果也不好。和平型的說法效果最好，最有可能爭取到名額。

但是實際生活中，不管是什麼樣性格的人在跟總經理溝通時，都不能率性而為，都要有意規避自己的性格缺陷，盡可能地完善溝通，以爭取到最好的交流效果。

案例中經理是這樣跟總經理溝通的：

部門經理說：「總經理，員工聽說要去旅遊真是太高興了，他們都說公司的管理越來越人性化了。公司如此地重視員工，他們很感動。總經理，這次安排太讓員工感到意外了，不知道公司是怎麼想到這麼棒的點子？」

總經理很高興地說：「其實，公司早就有這個想法了。大家辛辛苦苦工作了一年，也該讓員工好好放鬆一下了。這樣做，一是展現了公司對員工的關愛，也是對大家一年工作的充分肯定，而且讓大家放鬆後，來年工作不是更有幹勁？再說，大家

一起出去旅遊，很容易增加公司的凝聚力。這個計畫對員工對公司都是有利的。」

部門經理接著說：「是啊，這個計畫真好。也許是計畫太好了，所以，大家都在爭這 10 個名額呢。」

總經理說：「其實，本來是想給你們 13 個名額的，主要考慮到你部門有 3 個人工作不是很積極，所以借這個機會提醒他們，希望對他們有所觸動。」

部門經理說：「您說得對，我也覺得這 3 個人的工作是不是很積極。不過，事後我才知道，那是因為他們生活中出現了一些狀況，說起來，也是我這個經理沒有關心到位，責任在我。我想，如果這次不讓他們去的話，是不是對他們的打擊太大了些？再說，公司花了這麼多的錢不就是想讓大家快快樂樂地放鬆一下，並借此機會凝聚人心嗎？如果因為這 3 個名額而降低了這個完美計畫的效果，就實在太可惜了。其實，我也知道公司對於每一筆開支都要精打細算的。但是我想如果公司能拿出 3 個名額的費用，讓他們一起去旅遊的話，公司的寬容大度，會更讓他們的感觸更深的。到時候，我再和他們好好談談，讓他們不要把生活中的不愉快，帶到工作中。我想，這樣一來，無論是對於公司，還是對於他們個人，都很有好處。請總經理能不能考慮一下我的建議。」

這個案例中，部門經理達到了溝通效果，他順利爭取到這 3 個名額。這個案例給我們什麼啟發呢？

　　這個案例中的經理先是肯定了對方成績，然後極力強調這個計畫的良性效果，第三步，委婉地提醒對方，怎麼樣做效果會更好一些，最後，誠懇地請對方考慮自己的意見。這樣一來，總經理認為他說的話合情合理，而且完全是為他著想，是為公司著想，這樣的建議，總經理自然是十分樂意接受的。

　　綜上所述，每個人的性格是不一樣的。想要完美地進行溝通，既要了解自己的性格，又要了解對方的性格。雖然一個人不能完全改變性格，但是卻可以有意地做一些調整，特別是溝通中，可以根據自己和對方的性格，有意發揚優點，規避缺點，巧妙地進行交流，這樣便能取得更好的溝通效果。

◆ 不要完全按自己的意願行事

　　在現代職場的溝通中，經常會出現誤解的現象。然而，當事人卻不一定知道自己誤解了別人，於是他就會很自然地根據自己的理解，按自己的意願行事，這樣做因為沒有明白對方意圖，必然會影響工作，甚至給自己的職場生涯帶來損害。

　　美國有一個知名主持人，名叫林克萊特。一天，他訪問一名小朋友時，問他說：「你長大後想要當什麼呀？」小朋友眨著天真的大眼睛，回答道：「我想當飛機駕駛員！」

　　嗯，這是一個不錯的理想。林克萊特接著問小朋友道：「如

果有一天，你的飛機飛到太平洋上空，結果因為燃料外洩，所有引擎都熄火了，你該怎麼辦？」小朋友睜大了眼睛，想了半天說：「我會首先告訴所有乘客繫好安全帶，然後，跳傘出去。」

這個孩子真是太有趣了，他讓別人繫好安全帶，身為飛機駕駛員的他竟然選擇跳傘逃生。當時在場的大人都笑得前俯後仰、東倒西歪的。林克萊特也笑得直不起腰來。他注視著這孩子，心想，這個自作聰明的小傢伙，他是怎麼想出這個辦法的，把別人給扔了，自己卻溜了。他剛想逗他一下，卻發現孩子非常的委屈，兩行熱淚奪眶而出。林克萊特這才發現可能是他誤解了孩子，於是問他：「你為什麼要這麼做啊？」

孩子的回答讓他很感意外。孩子說：「我不是逃跑，我是要去拿燃料，我還要回來的。」

孩子的想法雖然幼稚可笑，然而，孩子的心靈卻是十分高尚的。當大人們誤解了孩子，並嘲笑孩子時，他的心靈受到了巨大的傷害。孩子從心靈深處湧現出來的悲憫之情，實在是記者所難以形容和表達的。

很顯然，在這個溝通的案例中，林克萊特及其他大人們，自以為理解了孩子的話，並按照自己的理解採取了「行動」—— 嘲笑孩子，從而極大地傷害了孩子的心靈。其實，像這樣沒有聽明白別人的意思，就按自己的意願行事而造成反向後果的事情，在職場中並不鮮見。所以，現代職場中想要有效溝通，首先要做到的便是聽懂別人的話，只有聽懂了別人的

話，才能採取正確的措施。否則的話，即便是你的執行力再強，也很難把事情做好。事實上，執行力越強，越有可能把事情走向它的反面，甚至還會給公司帶來巨大損失，當然，自己的職場生涯也會受到巨大的挑戰。

那麼如何才能避免自己不自覺中完全按照自己的意願行事呢？請看下面的故事：

有一個老國王雖然有眾多嬪妃，然而卻一直膝下無子，他感到很苦惱。老國王虔心向善，希望上天能眷顧憐憫他。終於，上天開恩，在他五十多歲時，王后終於為他生了一個美麗的小公主。因為是老來得子，所以國王非常開心，他十分疼愛自己的女兒。有一天，小公主生病了，她跟國王撒嬌說，如果國王為她摘下月亮，她的病馬上就好了。國王不敢怠慢，立刻召集緊急會議，商議摘月亮的事情。

總理大臣說：「這件事情不好辦，月亮遠在三萬五千里外，比公主的房間大多了，而且是由熔化的銅所做成的。我們根本沒有辦法把它弄回來。」

魔法師說：「不，月亮離我們有十五萬里遠，是用綠乳酪做的。不過，也非常大，比我們的皇宮整整大出兩倍多。」

數學家說：「月亮遠在八萬里外。它會變化，有時像個錢幣，又圓又平；有時像把鐮刀，兩頭像船頭一樣高高地翹起。這個月亮很大，有半個王國這麼大，而且還被牢牢地黏在天上。王國裡是沒有人能夠把它拿來的。」

　　國王聽了，氣得都快瘋了，大罵他們是飯桶。國王很煩惱，便把宮廷小丑叫來，讓他彈琴給國王解悶。國王告訴小丑前因後果，小丑仔細思考了一下說：「大王，您別著急。我覺得這幾個有學問的人說的話都對。月亮究竟有多大，離我們有多遠，跟他們心中所想的月亮的大小和遠近有關係。所以，當務之急我們不妨問一問，小公主心中的月亮到底有多大，離我們有多遠，然後，再根據公主所說的去摘月亮不是要容易一些嗎？」

　　國王覺得小丑說得很有道理，於是，便讓小丑來到公主的房間探望。小丑問公主：「月亮有多大？」公主說：「月亮大概比我拇指甲小一點吧！因為我只要把拇指甲對著月亮，就可以把它遮住了。」

　　小丑心裡一喜，便接著問她說：「那麼月亮離我們有遠呢？」

　　公主說：「月亮離我們不遠啊，它就掛在窗外的樹梢間。」

　　公主的話，讓小丑大喜，他接著問她說：「那麼月亮是用什麼做的呢？」

　　公主很奇怪的說：「當然是金子囉，這還用問嗎？」

　　比拇指甲小、掛在樹梢間，用金子做的月亮，這樣的月亮當然好拿回來了。國王立刻找金匠打了個小月亮，穿上金鏈子，給公主當項鍊戴上了。公主非常高興，第二天病就好了。

　　這個故事中，國王之所以感到苦惱，是因為在他的心裡月亮是非常大的，而且離他們很遙遠，他沒有辦法讓他的臣民們把月亮拿來給他的小公主。而大臣們，王國的智者們，也多根據自己的理解認為無法把月亮拿來。其實，他們都犯了同樣的錯誤，即完全根據自己的理解來解讀別人的意思。當然，他們便不能得出正確的結論。如果這時完全按照自己的意願採取行動，可以想見事情的結果。

　　而小丑就十分聰明了，他從大臣和智者們的話裡聽出來了，其實，在每個人心中，月亮的大小和離人們的距離，各人的想法是很不一樣的。由此他想到了，小公主心中的月亮是不是也不一樣呢？何不聽聽小公主心中的月亮是什麼樣子呢？事實證明小丑的做法是對的，他明白了小公主的心中的月亮是什麼樣子後，很快把公主心中的月亮製造出來，並拿到公主的面前。雖然說，這樣的「月亮」並不是真正意義上的月亮，卻是公主心中的月亮。小丑在明白了公主的想法後，採取了行動，這樣當然能夠取得好的效果了。

　　其實，在現代職場中，像這樣的案例很多。我們不但要善於執行，更要善於傾聽，善於理解，只有理解了對方的想法 —— 也就是完全溝通後，再採取恰當的行動，這樣才會有積極的效果。反之，如果一味按照自己的意願行事，結果是不論多麼努力，效果都會不好。

第四章

合作力 —— 將雙贏進行到底

　　現代社會高度發展，一個人完全獨當一面的時代已經成為過去。事實上，無論是科研，還是生產，無論是企業運作，還是市場開拓，都不太可能依靠一個人去打天下了。一方面是因為個人的力量實在是太微小，根本就擔負不起現代社會的各項運作，另一方面是社會的分工越來越細化，幾乎任何一項工作都需要大家協同作戰。因此，現代企業很重視員工的合作力，因為一個員工的合作力如何不僅會影響到個人的職場發展，更會影響到企業的有效運作。

　　那麼什麼是合作呢？合作是指許多人在共同的生產過程中，或者是在不同卻相互緊密相聯的生產流程中，有計畫地、有組織地協同作戰。合作是指企業為實現預期目標，而用來協調員工之間、工作之間以及員工與工作之間關係的一種辦法和手段。那麼什麼是合作能力呢？顧名思義，那就是合作的能力。無論是企業管理層的合作力，還是員工本身的合作力，對於企業的發展來講都是十分重要的。因為它直接影響到企業能否充分有效地利用組織資源，因為它關係到能不能擴大企業經營的時空範圍，關係到能不能盡可能地縮短產品的生產時間，最大可能地集中力量在短時間內完成個人難以完成的任務，從而使企業盡可能邁向良性發展的軌道。

◆ 合作力是企業成功運作的保證

在一個小企業，一項小工程，一個並不複雜的任務中，有沒有合作力，看起來並不特別重要 —— 其實也是不容忽視的，但是現代企業越來越大型化，現代工程越來越專業化，各項工作越來越複雜化，在這樣的時空背景下，如果不進行有效合作的話，是很難進行企業運作的。以機器來為例，再精良的零件，如果它們不是有機地組合成一個整體，它們是很難發揮作用的。因此合作力是現代企業運作中一個關鍵性的因素。

以下分享兩個典型案例。趙先生曾經憑藉強大的個人魅力，和他的不懈努力成功地將一個僅有區區 500 萬元資產的小企業，發展成為 200 億元的大型集團。然而，企業是發展了，而企業的管理卻沒有緊緊跟上。在這個龐大的集團裡，他竟然推行高度集權的體制。看起來，這個制度使他能夠有效控制集團的發展，的確，在企業剛剛起步的階段，這樣的制度的確發揮了不小的作用。但是，隨著企業不斷發展，這樣的管理模式，日益使趙先生無法有效控制這個規模龐大、業務繁雜的集團了。

後來的研究顯示，此集團的管理始終停滯在企業家個人階段，無法形成有效的監控系統。集團實行的是高度的人治，而人治的結果，使得管理決策隨意性大大增加，個人意志直接主導資本營運。這就為集團的發展埋下了定時炸彈。更重要的是

內部管理很不健全。從總部到分支公司共有五層級之多，管理層次多，效率低的問題異常突出。在日常營運中，總部指令到達第三層級後，便失去了效能。換句話說，整個集團基本上處於一盤散沙的狀態，根本就沒有什麼合作力可言。

這個集團到後期已經失控，上層與下層之間，各子公司之間，各員工之間都缺乏有效的合作。這是集團走向衰敗的最為重要的原因。

因此，對於一個企業來講，合作力實在是太重要的了，它直接關乎到企業的生死存亡。事實證明，一個企業想要成為百年老店，就必須時刻注意企業的合作氛圍營造和企業合作力的提高。在這方面，有另外一個案例。

某間集團創業之初，也是極端困難。由於缺乏足夠的核心技術，集團曾在國際市場中顯得力量單薄，雖然後來情況好了一些，但是仍然沒有明顯的優勢。這時候，集團在了解形勢後，認為核心技術是他們竭盡全力要解決的問題，但是技術問題又不是一兩天的事，所以，在抓好技術創新的同時，他們注重透過均衡發展和不斷提升各項能力，來提高產品品質，從而慢慢地顯示出較強的整體優勢，為公司具備與世界一流企業較量的實力打下堅實的基礎。透過提高合作能力，使集團各個部門、各個環節最大可能地發揮效能，這樣做一方面極大地完善了企業的營運狀態，提高了企業的競爭力，使企業走向世界，邁出了可貴的一步。另一方面，企業在實行全員均衡發展的同

時，實際上也培養了一支具有極強合作力的員工隊伍，這為企業進一步的發展奠定了基礎。

總之，對於一個企業來講，如果重視合作能力的培養，重視合作文化的建設，那麼企業便有可能進入良性循環的軌道，因為企業的各個部門，每個員工都擰成了一股繩，從而使企業具有較大的競爭力。反之，如果企業各部門之間不能有效合作，各個員工之間都是各懷鬼胎，互相勾心鬥角的話，這個企業遲早是要垮下來的。同時損害的還有這個企業的員工，他們不僅因為企業的衰亡而失掉了工作機會，更重要的是，即便他們以後找到了更好的工作機會，但是他們身上已經形成壞習慣、壞思想，將會影響他們在新的職位上的發展。所以，營造企業合作氛圍，建設企業的合作文化，提高企業的合作力，不僅是企業健康發展的保證，其實對於員工的職場生涯來講也是極為有利的。

◆ 團隊合作，才能贏得機會

俗語說：三個臭皮匠勝過一個諸葛亮。把這句話沿用到職場中，講的就是團隊合作的力量遠遠超過個體力量。現代企業已經向集團化、資訊化方向發展，從嚴格意義上講，任何一個人都難以獨立完成某項具體的工作。只有參與各方擰成一股

繩，這樣才能夠形成足夠強大的團隊力量，去完成職場工作。

其實，團結力量大早已被人類所認知，不僅是人類，即便是動物界都深諳其理。事實上，動物界對於團結力量的認知，一點也不比人類遜色。

請看下面的一個故事：

螞蟻，是個微小的生靈，但是卻被許多人所喜愛。這是因為牠們雖然渺小，但是牠們的生活卻不同一般。螞蟻王國是一個非常和睦的大家庭。這裡每一個公民整天都在忙碌著，他們不計較生活的環境是不是惡劣與優越，也不計較生活條件是不是貧窮與富庶，他們都在任勞任怨地工作著，和美滿地生活著。蟻后生兒，公蟻持家，一切都是那麼的井然有序，一派祥和。

然而，真正震撼人類的卻不僅僅是他們世外桃源般的生活，而是當它們面對災難時所表現出來的團隊精神和犧牲精神。

一次南美洲的原始森林裡，突然發生了一場熊熊大火，大火鋪天蓋地而來，無數的動物因為無處可逃被燒死了。然而，大火還在蔓延著，一點都沒有停下來的跡象。如果再這樣燒下去，螞蟻就要滅亡了。事實上，在那場大火中的確有許多的動物家族全軍覆沒了。一般人認為，在這一場史無前例的大火中，螞蟻這麼柔弱的小生靈一定在劫難逃。

然而，這時奇蹟卻發生了。

螞蟻顯然意識到了問題的嚴重性，如果各自逃生的話，牠們很可能一個都逃不出去，甚至將面臨亡族滅種的危險。在這個緊要關頭，小小的螞蟻做出了一個驚人的決定。千千萬萬的螞蟻迅速抱成一個球體滾向了火海。伴隨著一陣劈劈啪啪的聲響，最外層的螞蟻被火吞噬了，燒焦了。然而，即便是被燒焦的螞蟻卻還是死死地抱在一起。這個蘊含著生命的團體仍向前滾動著，滾動著……外層的螞蟻慢慢地脫落了，劈啪聲越來越響，蟻團越來越小，然而，蟻團還是堅決地向前滾動著。最後，蟻團終於滾出了火海，儘管螞蟻只剩下一個小團……

這是一個十分令人震撼的故事，螞蟻看起來是多麼的柔弱，面對熊熊大火，它們斷然不會有生存的機會。但是它們竟然奇蹟般地生存了下來。那是因為它們有抱成團的智慧和決心，他們有犧牲自己成全種族的精神和毅力，這才使得渺小卑微的螞蟻家族免遭全軍覆滅之飛來橫禍。

螞蟻的故事告訴人們：生命的渺小並不可怕，體力單薄也不可怕，智力一般也不一定沒有生存的空間，但是如果沒有了合作的智慧和決心，那就注定了前途堪憂。尤其在今天的職場中，你的朋友，你的同事，不是你的競爭對手，而是你的合作夥伴，他們的幫助和你對他們的幫助，才可以使自己的職場更加順暢，才會讓自己登上更高的人生舞臺。

其實，只要做一個有心人，你就不難發現，現代企業中十分重視員工的合作能力，因為這對於公司的發展來講，是十分重要的事情。

請看下面的一個案例：

一家外資企業因為規模很大，而且很正規。所以，這家企業招聘職員時，吸引了許許多多的人來應徵。經過多輪面試，12名求職者進入了最後的角逐。

這次來應徵的人的素養都很高，公司選出來的這12個人中有本科生，甚至有碩士、博士，他們個個頭腦聰明、博學多才。但是這一次，公司只招聘6個人。如何確定最後的人選，可是個難題，因為他們都很優秀。如果單從個人素養的角度看，這12個人絕對沒話說，面試官實在想把他們都招進公司來。但是面試官心裡更明白，光有個體的優秀是遠遠不夠的。

於是，面試官策劃了一個別開生面的面試方案。

面試開始了，面試官並沒有跟他們出什麼題目，而是看起來有點跑題地介紹公司的概況和公司的企業文化。看看時間不早了，面試官便對他們說：「你們12個人分成兩組，每組6人到對面的餐廳吃飯。公司給你們每人發70元，吃完就回來，我們進行最後的面試。」

第二組從公司裡出來，到了指定的餐廳。服務生告訴他們，這裡是最便宜的餐廳，不過，最低也要每人80元。因為時間來不及，他們要不是自己添錢吃飯，不然就不吃了，等會兒面試完畢後再出去吃。

沒多久，他們回到了公司。面試官已經在那裡等他們，面試官問他們是如何用餐的。他們便如實相告。聽完了他們的陳

述，面試官非常遺憾地對他們說：「真是對不起，你們雖然都很優秀，但不適合在本公司工作。你們請回吧。」

他們一下子都愣住了，想不到這就是最後的面試啊。可是，吃不到飯跟應徵有什麼關係呢？於是，其中一人不服氣地問道：「70 元怎麼能吃到 80 元的便當？」

面試官笑了笑說：「那家餐廳我們去過，一份便當要 80 元不假，但是他們有一個規定：如果是五人或五人以上去吃飯，餐廳會免費贈送一份。而你們這一組是六個人，如果是一起去吃的話，就可以得到餐廳免費贈送的午餐。可是，十分遺憾的是，你們每個人只想到自己，卻沒有想到你們是一個團體。儘管你們是來應徵的，你們是競爭者，但即便是這樣，並不影響你們組成一個團隊啊。也許，已經有人想到了這是個考題，但是你們就是沒有進行有效的合作。你們都是以自我為中心，沒有團隊合作精神。現代企業最看重的能力之一便是團隊合作精神，而你們恰恰沒有，所以你們不適合我們公司。然而，第一組卻成功地完成了這個考核。他們不僅都吃到午飯，還成功地得到了這個職位。」

聽完招聘官的話，6 名大學生頓時啞口無言。

是啊，「人心齊，泰山移」，這句話人人都會說，卻未必人人都懂得其內在深意，因為在實際生活中並不是每一個人都能做到與人合作。但是，無論你願不願意，現代企業的招聘工作越來看重員工的合作意識及經驗。一個沒有團隊意識，沒有成

功的團隊工作經驗和工作素養的人，在現代職場中他幾乎可能喪失所有的機會。從企業招聘的一方來說，只要有工作就意味著必須和他人合作，即使一個人獨立開展的工作也絕對離不開與人合作。因此，招進一個沒有團隊合作意識和團隊合作精神的人進企業，不僅對企業沒有好處，還會給企業帶來許多不必要的麻煩，所以企業招聘十分重視一個人的團隊合作精神。

　　因此，每一個行走在職場中的員工，都要十分重視自身合作意識的培養和合作能力的提升，因為只有團隊合作了，才能贏得更多的機會。

◆ 照亮別人的同時，也照亮了自己

　　雖然許多人都明白職場中相互合作是非常重要的，但是實際操作時，他們未必都能合作好。這是因為他們雖然嘴上說了解合作的重要性，但是心裡並不是完全認同的，至少他們是有所顧忌的。其實，他們不明白幫助別人，就是幫助自己，協助別人就是協助自己。

　　請看下面這個故事：

　　大家都知道，盲人的世界裡是沒有光明的。對於他們來講，白天和黑夜並沒有什麼本質上的區別，都是漆黑一片。所以，盲人家裡一般是沒有燈籠的，因為他們用不著。然而，有

一個盲人的家裡不但有一個燈籠，而且，他每次走夜路時，都要點著明晃晃的燈籠。

剛開始時，人們以為他打腫臉充胖子，提著燈籠走夜路，讓人們以為他是一個正常人。然而，後來人們發現他每次走夜路時，他都要提著燈籠，而且他又從來不避諱自己的眼疾。於是，人們便十分好奇地問他。

他笑了笑說：「起初我家裡也是沒有燈籠的，正如你們所說的那樣，我這樣的人是不需要燈籠的。但是有一次，我走夜路時，被一個看不見路的明眼人給撞倒了。我想，如果我提燈籠走路的話，這樣不僅為別人帶來方便——照亮了別人的路，同時，也讓別人容易看到我，不也就避免了被別人撞倒嗎？所以，從那以後，我只要走夜路，就都提著燈籠。這樣做，既保證了別人的安全，也間接地幫助了自己。」

這個故事中的盲人，也許並不懂得多麼高深的道理，但他從生活中感悟到，幫助別人的同時便是幫助自己。其實，生活是相通的，在現代職場中，同樣存在幫助別人便是幫助自己的問題。人們都知道良好的人脈關係和工作口碑是取得成功的重要因素，然而人脈關係和工作口碑又是怎麼來的呢？那是用自己的無私換來的。你對別人的幫助越大，那麼幫助你的人就越多，你成功的機會就越大。

付先生是一家品牌汽車的優秀銷售員，公司裡從老闆到普通員工都十分喜歡他。這跟他的處世原則有極大的關係：一

直以來他都把別人的事情當作自己的事情去做，只要別人需要他，他都會竭盡全力去做。即便是不認識的路人，只要他能做到的，他都會竭盡所能地幫助人，所以，公司網站上有許多表揚他的留言。當然，因為他經常幫助別人，所以別人也經常幫助他。他的工作做得十分順利，銷售業績不斷提高。因此，公司十分器重他，想在適當的時候提拔他。

有一次，公司獲得了一個十分重要的競標機會，公司研究後決定派他去。這可是一個千載難逢的好機會。對於公司來講，這是一個機遇；對於他個人來講，如果做好了這項工作，他便升遷有望，前途一片光明。

因此，付先生為此進行了長時間的準備，公司的同事都十分羨慕他有這樣的機會，都祝福他能夠取得成功。他自己也是信心百倍。然而，競標那天，卻發生了一件令人意想不到的事情。

原來，他遇到了一位老太太。這位老太太年紀大不說，還有阿茲海默症，她在沒有家人的陪同下，慢慢地走過馬路，實在是太危險了。他立即停車，扶老人過了馬路。可是，光這樣還是不行，因為其實這位老人自己也不知道要到什麼地方去。他想把老人送回去，可是競標的時間就要到了。他的內心十分矛盾，如果不管老人的話，他可以按時趕到競標現場。但是，這樣一來，雖然他的工作沒有耽誤，不過，這位老人就隨時有性命之憂了。

他想了想，還是決定先把老人送回家再說，畢竟一個人的生命是最重要的。可是這位老人只記得自己所在的地區，並不知道自己家的具體位置。所以，他找了好長時間都沒有找到老人的家，沒有辦法，他只好把他帶到了當地的派出所。等他急忙趕到競標現場時，競標已經結束了。

可以想像，當他回到公司時，上司會有多麼憤怒，員工會如何責罵他。但是他一句話都沒有解釋，因為他覺得這個嚴重的錯誤畢竟是自己造成的，接受什麼樣的處罰都是應該的。他甚至想到了可能會被公司開除。但是，他不後悔。

這件事因為太大了，引起了董事長的關注。董事長感到很奇怪，這位員工很不錯，按理說，對於這樣好的機會，他不會不珍惜的。但是，他竟然遲到了，錯過了競標？他想聽聽他本人的解釋。

董事長為此召開了一個特別會議，專門討論他的問題。他陳述了當時的情形，告訴與會者他沒有故意遲到。付先生知道這一次的事情大條，所以陳述完畢，他便十分安靜地等待公司的裁決。

對於這樣的陳述，公司上司感到十分不滿，當即有人責問他：「真是荒唐，在你心中，究竟是一個老太太重要，還是公司的業務和個人前途重要？」

他看了看眾人，認真地回答說：「對不起，對於這次因為我的原因而使公司蒙受了這麼大的損失，我感到很抱歉。我願

意接受公司的任何處分，哪怕是公司因此開除我，我也毫無怨言。不過，我覺得在任何時候，人比什麼都重要，畢竟生命是第一位的。因此，即使這一次被公司開除了，如果以後再遇到類似的事情，我還是會做出同樣的選擇。」

聽到這個回答，董事長十分欣慰地點點頭，並帶頭鼓掌，當眾表揚了他，並說：「公司不僅不會責備你，更不會處分你。公司能有你這樣工作勤懇，肯為他人付出，即便是在自己最困難的時候，都首先想著幫助別人的人，而感到榮幸，感到無比自豪。公司是一個團隊，公司的任何員工都要想著幫助別人，這樣才能形成一個有著凝聚力的團隊。好好做吧，記住了，幫助別人就是幫助自己，你會很有前途的。」

這個案例中的付先生，深深地懂得「贈人玫瑰，手有餘香」的道理。他明白，職場中主動積極地幫助別人，實際上也就是在幫助自己。現代職場中不僅僅充滿競爭，更充滿合作。一個沒有競爭意識的人，他的生存空間是非常狹小的；但是一個沒有合作意識的人，他將無法生存。因為一個人的力量是微不足道的，沒有別人的幫助，自己根本就做不成什麼事情。而要獲得別人的幫助，最好的辦法便是無私地幫助別人。

◆ 真正理解雙贏

職場中的員工如果想使自己有所成就，那麼從他走上職場的那天起，他的心中就要豎立一個合作雙贏的理念。因為一個人的力量實在是太微薄了，尤其在現代社會中，一個人幾乎不能獨立完成任何一件事情。即便是一個看起來可以獨立完成的操作，其實也必須要有別的部門、單位和別的員工的支援和幫助，更不要說一些大的專案，本身就需要多個單位、多個部門合作才能完成。所以，職場上的員工心中一定要有合作意識。事實上，在合作的過程中既成就了別人，更成就了自己。

古時候，有一個村子。這個村子離海有一段很長的距離。村裡的村民們因為太貧窮了，所以，便想到海邊去打魚。這樣的話，不但能解決糧食問題，而且還能賣些錢貼補家用。但是，這是一個十分奇怪的村子，因為村上有一個規定：要打魚可以，但是你只能從兩樣東西中選擇一樣去海邊。一樣是一簍大餅 —— 作為去海邊的乾糧；一樣是一根魚竿 —— 釣魚用的魚竿，謀生的手段。

你要去打魚，就必須從這兩樣中選一樣。幾年來，有好多人嘗試帶一樣東西到海邊去，但是都沒有成功。帶一簍大餅的人，倒是可以活著走到海邊，因為一路上有乾糧果腹，但是到了海邊後因為沒有釣魚的工具，而無法謀生，最後都餓死在海邊或是回家的路上；選擇魚竿的人，因為一路上沒有乾糧，他

們根本就走不到海邊，便餓死在去海邊的路上了。

直到有一天，有兩個聰明的人成功地到海邊，並釣到了魚。他們不是分別去海邊，而是一起去海邊。不過，他們帶東西時，一個選了一簍大餅 —— 作為他們一路上的乾糧；一個選了一根魚竿 —— 作為他們去謀生的工具。就這樣，他們兩個人攜手，節省著吃餅一路到了海邊。到了海邊，再相互合作用一根魚竿釣魚。於是，生活得非常好。從此，這個村子便兩兩合作到海邊打魚，過起了自給自足的幸福生活。

在這個故事中，很顯然，任何一個人如果單獨去海邊，要不是到不了海邊就餓死了，不然就是到了海邊因為沒有勞動的工具根本無法生存。但是如果兩個人合作的話，情況就很不一樣了。他們不但都到了海邊，而且還釣到了魚，從此過上幸福的生活。可見一個人的力量是微薄的，合作的力量是巨大的。其實這個道理在現代職場中也非常適用。現代職場中大到一個工程專案，小到一份企劃書，甚至一份報告，如果離開了別人的幫助，都難以高品質地完成。所以，現代職場實在是一個合作的場所，合作的好壞直接關係到工作的品質，關係到職場上的長遠發展。所以，行走在現代職場中的員工一定要有合作意識，要有合作雙贏的意識。

其實，不光如此。不合作便要衰亡，而合作不僅能雙贏，還能共同走向天堂。請再看一則故事。

有一個人，某天突發奇想，他非常想看看天堂和地獄。他

想知道天堂和地獄是什麼樣子，看看他們到底有什麼區別。可是他問遍了所有的人，都沒有人告訴他是怎麼回事。因為凡人沒有去過天堂，不知道天堂是什麼樣子；而活人又沒有去過地獄，雖然知道那不是人待的地方，但也不知道究竟是什麼樣子。

於是，他便去問上帝。上帝說：「這好解決。一會兒，我派人帶你分別到天堂和地獄去看看。你一看便明白了什麼是天堂，什麼是地獄了。」

過了一會兒，來了一個天使帶著上帝的旨意，領著他去看天堂和地獄。他們先來到地獄，這個地獄的確是陰森恐怖，比自己想像中的地獄還要讓人害怕。天使叫他不要怕，領著他先看了周圍的環境，然後又去餐廳，看地獄中的小鬼們是如何吃飯的。

地獄的餐廳裡有一口特別大的鍋，裡面有飯有菜，一群小鬼圍著鍋吃飯。雖然鍋裡有很多的飯菜，但是小鬼們卻很難吃到。因為這個鍋實在是太大了，所以便給每個小鬼一根有著很長把柄的勺子，本來這樣是便於吃飯，卻因為勺把太長，小鬼們雖然能把飯菜盛起來，卻很難吃進嘴裡，所以他們一個個都餓得面黃肌瘦。儘管如此，他們還是努力地盛著飯菜，因為他們實在是太餓了。

過了一會兒，天使又帶著他到天堂去看一看。天堂就是天堂，那裡的環境非常好，簡直是美極了。看完了環境，天使又把這個人帶到了餐廳看看。這裡也有一口非常大的鍋，裡面

也有著許多飯菜，而且天使們也都用有著很長的勺子吃飯。不過，令人奇怪的是，同樣的大鍋，同樣的飯菜，同樣的長勺，地獄的小鬼們吃得愁眉苦臉──因為他們很難吃到飯菜；而天堂的眾天使卻個個吃得眉開眼笑──因為他們都吃得到飯菜。這個人很是驚詫不已。於是，他便仔細觀察天堂裡的天使們是如何吃飯的。

他發現天使吃飯的方式很特別，跟地獄的小鬼們完全不同。天使們的勺子也很長，如果自己盛給自己吃的話，也是吃不到的。於是，他們互相合作，你盛給我吃，我盛給你吃。這樣互相合作，一同分享那一鍋美味佳餚，大家都吃得非常舒服。同樣的大鍋，同樣的工具，如果自己吃自己的飯，就很不舒服，甚至根本就吃不到；但是如果大家互相幫著吃，不但能夠吃到大鍋裡的飯菜，還能吃得很舒服。這個人看完了地獄和天堂裡吃飯的情景，他懂了什麼是天堂和地獄，明白了天堂和地獄的根本區別。

這個故事的寓意很深，它告訴人們不僅要合作，更要懂得合作的意義。這對於現代企業、現代職場都是很有啟發意義的。這是一個競爭的年代，但更是一個合作的年代。一個企業、一個職員如果離開了合作，都將寸步難行。相反，如果合作了，所帶來的積極效果是不僅成就了別人，也成就了自己。請看下面的一個案例：

索尼行動通訊是穩居世界第四位的通訊公司，在當今世界

的通訊領域處於舉足輕重的地位。這個公司之所以能夠取得
這樣大的成就，還得從它的前身說起。索尼行動通訊的前身是
索尼公司和愛立信公司。當年，這兩家公司也是紅極一時的大
公司，但是隨著時代的飛速發展，隨著世界競爭的加劇，使得
這兩家公司在手機行業裡卻越走越不如意。在萬般無奈的情況
下，它們不得不宣布合併，以共同抵禦市場風險，爭取更加長
久的發展。不過，當時這家新合併的索尼愛立信公司並不被世
界分析家所看好。

　　之所以這兩家公司的合併不為世界分析家看好，那是有實
際原因的。一來，兩家公司的文化理念完全不同，品牌文化也
存在著較大差異，二來，從地緣上來說這兩家公司地跨歐亞，
合作起來實在不方便。所以，這兩家公司的合併，分析家們是
不看好的，而且還為他們的前途擔憂。而更多的人認為，這兩
家公司能夠合併，真是匪夷所思。在合併後的一段漫長磨合期
內，這兩家曾經是商業競爭對手的公司，現在坐到了一起，而
且努力求同存異，互相學習寶貴的經驗，相互支持，資源分
享，終於取得了不菲的成就——5 年內合作生產了 22 款產品。
也許，這個成就對於芬蘭的 Nokia、美國的 Motorola 以及韓
國的三星來說，還是顯得渺小一些，但是這個世界傳統三強的
通訊公司，卻再也不敢小看這位後起之秀了。這兩家公司合併
之前，他們想都不敢想會有這般成就。合併後，他們不但想到
了，而且還做到了。這起歐、亞首次開展的經典合作案例，給

世人留下了太多值得思考的東西。

　　這個案例中，在合併之前無論是索尼公司，還是愛立信公司，都已經出現了嚴重的問題。他們已經看到了僅憑自己的力量，他們無法在市場中生存下去。為了公司的生存，為了公司更好的發展，他們走到了一起。合併後的新公司不但成功地生存了下來，而且還取得了非凡的成績。這是一個典型的合作雙贏的案例。

　　其實，不但是公司之間有著廣泛的合作，職場中的員工也有著極廣泛的合作。因為現實證明如果是單槍匹馬地做，雖然也能取得一些的成就，但是在現今卻很難得到長足發展；而如果採取合作的方式，那就很不一樣了。不但別人能夠生存，你也因為別人的幫助而得以生存得更好。反之，現代職場中如果不合作，不僅難以完成自己份內的工作，還有可能為自己的職場生涯帶來許多不必要的麻煩，甚至是致命的打擊，從而走向職場的「地獄」。但是如何合作了，你不僅能圓滿地完成工作，還可能讓自己的職場生涯變得越來越順暢，從而走向職場的「天堂」。因此，作為一個行走在職場中的員工，都要明白合作雙贏，走向天堂的道理。

◆ 融入團隊中

現代企業是一個團隊，現代職場也是一個團隊，行走在職場中的員工，不但要懂得合作雙贏的道理，更主要的是主動地融入到團隊中來，這樣才能真正地成為團隊中的一員。只有融入到團隊中，才能更好地發揮自己的才能，從而取得更好的成績；而團隊也因為你的融入，使這個團隊更具有戰鬥力。

小峰是一位才華橫溢的大學生，他學的是市場行銷。畢業後他進入一家創業不久的高科技企業。開始時，他是給老闆當祕書。他工作認真踏實，勤奮刻苦。一有不懂的問題，他就請教有經驗的員工。而且，無論是工作，還是生活，他都和員工們打成了一片，所以，不到兩年，小峰便從祕書慢慢升到了行銷經理的位置。也許是因為自己小有成就，他漸漸地不把員工放在眼裡，甚至有時他連老闆都有點瞧不起。一次，他拿出了一份行銷方案，他自認為十分完美，但是卻與老闆在行銷策略發生了嚴重分歧。小峰認為自己的方案很有創意，堅持要老闆按照自己的方案執行，但是老闆有自己的想法，就沒有同意他的方案。一氣之下，小峰便炒老闆魷魚，儘管這個老闆非常器重他。

他跳槽後，到一家頗有名氣的裝潢公司任副總經理。小峰心裡非常高興，因為有了副總經理這個平臺，他便可以實現

人生抱負了。然而，令他想不到的是，他連 3 個月的試用期都沒有過，董事長就毫不客氣地對他下了逐客令。這讓他非常不解，因為董事長的理由，讓他很不服氣。董事長說，經過考核，他不能勝任副總的職位。小峰感到很驚訝，因為到這家公司以來，他的確是殫精竭慮地工作，每一項工作他都力求完美，常常加班想行銷方案。他覺得他的工作本身沒有什麼問題，他很盡責盡力。只不過，他的下屬沒有理解他的想法，而且下屬的執行能力太差，每一次他獨自一人想出來的行銷計畫都落了空。他覺得這不能怪他，要怪只能怪他的下屬無能。然而，說這些話，已經沒有任何用處了，他只好離開了那家公司。

再後來，小峰應徵到一家建材公司當部門經理。因為連降「三級」，小峰心裡非常不好受，總覺得委屈，有想法卻沒地方發揮。雖然還是認真地工作，但是，他仍然沒有好好吸取前兩次失敗的教訓，依然高高在上，所以他的業績一直上不來。他又想拍屁股走人了！對此，小峰感到十分地迷茫，明明他能力不弱，水準不低，連副總經理都做過，怎麼到頭來連一個小小的部門經理都做不好呢？這是怎麼回事啊？

於是，十分苦惱的小峰給他的導師寫了一封信，說明他的工作經歷和失敗的困惑，希望他的導師能為他指點迷津。

其實，他是當局者迷，他當初是怎樣成功的，他大概是忘了。他沒有及時地總結自己走上銷售經理位置的成功經驗，卻為以後不斷的失敗而感到苦惱。雖然他有反思，但是這樣的反

思沒有讓他從根本上明白自己失敗的原因。他的導師看出了問題所在，便回信給他。

　　導師在回信中說：你看過大雁遷徙嗎？大雁振翅高飛時，常常排成「V」字隊形，這是為什麼呢？科學研究顯示，雁群「V」字形高飛時，會形成一股向上的風，而正是這股向上的風，托舉和推動整個雁群，使得雁群的飛行阻力大大減小。研究顯示，這股向上的力，能夠使雁群的飛行速度比單隻大雁飛行的速度快 0.71 倍。換句話說，雁群合作的力量遠遠超出任何一隻大雁單飛的極限，這就是大雁的智慧。起初你剛進社會，已經取得很不錯的成績。你虛心好學，能跟同事們合作，並時時把自己當作他們的一員。正因為你依靠了團隊的力量，在職場「雁群」中，你獲得了巨大的成功，於是，你走上了行銷經理的位置。但是，你後來大概是忘了自己是如何走向成功的。你把自己看成是高高在上的行銷經理，把自己看成是一人之下、萬人之上的副總經理了，你徹底地離開了你的職場「雁群」，於是，你成了一隻掉隊的孤雁，你當然不能飛得更遠，甚至接連遭遇職場失敗。

　　導師還說，你應該好好反思自己的成功。你要明白光懂得合作雙贏的道理是遠遠不夠的，還要切實地做到。時時刻刻都要注意自己是不是融入了團隊之中。只有這樣，你才能取得真正的成功。

　　看了導師的信，小峰沉思了好長時間。他突然間明白了，

自己就是那隻妄圖單飛的大雁。當初他是憑藉著整個團隊的合作，才取得不錯的成績，後來之所以能夠走上行銷經理的位置，實際上也是老闆的信任、支持和幫助。即便是後來，他去了一家公司做副總經理，也是因為人家看中了他曾經在銷售經理的職位上工作過，也就是說，他能走上副總經理的位置，實際上也是以前老闆間接支持的結果。後來，他慢慢地離開了團隊，他狂妄自大、目中無人，員工們也都敬而遠之，於是他便成孤家寡人。在他脫離團隊的同時，團隊也拋棄了他，他當然勢單力薄，難有作為了。

現代企業發展得很快，它的面貌發生了很大的變化，已經遠遠不同於以往任何一個年代的企業了。現代企業的發展非常需要有一個精誠團結的團隊。這個團隊中的任何一個人都有著不可替代的作用，任何一個人都不能高於這個團隊之上。反過來講，這個團隊也離不開這個團隊裡的任何一個人。對於個人來講，要學會融入到團隊中去，而對於團隊來講，要想盡一切辦法，讓團隊裡的每一個職員都成為團隊的真正成員。只有這樣才能保證企業的健康發展，也只有這樣才能保證員工能夠在團隊的幫助下獲得不平凡的成就。

眾所周知，公牛隊是美國籃球史上最偉大的球隊之一。許多人都特別喜歡公牛隊，許多人是公牛隊的忠實粉絲。這是因為公牛隊有著輝煌的戰績，更重要的是這個球隊有著天王巨星麥可‧喬丹。1998 年 7 月，公牛隊在全美職業籃球總決賽中

戰勝爵士隊後，取得第二個三連冠的傲人成績。不過，美國的籃球十分強大，儘管公牛隊是史上最偉大的球隊，但是它仍舊不能做到所向披靡，事實上，它時常遇到強有力的阻擊。每次出征時，公牛隊不但不敢目空一切，相反，常常小心謹慎，甚至是如履薄冰。這是因為對手對於公牛隊的研究十分透澈。他們制定專門對付公牛隊的戰略，實在非常先進，讓公牛隊防不勝防。

其中，有一個球隊在充分研究了公牛隊的戰略後，竟然提出了每場球賽讓麥可·喬丹得分超過 40 分的戰術。這個聽起來匪夷所思的戰術，實際操作時卻極為有效。這是為什麼呢？研究者如此解讀了他們的戰術：喬丹發揮不好，公牛隊固然難以贏球；但是如果讓喬丹發揮出色了，公牛隊的取勝機率反而下降了。這話聽起來，實在令人難以置信，卻千真萬確。這是因為如果喬丹得分太多，這就意味在這個團隊中，喬丹的作用過於突出，反而讓喬丹成為脫離團隊的「孤雁」──儘管他本人並沒有離開團隊，而其他隊員卻因為喬丹的巨大作用，在無形中削弱了力量。從整體上來說，雖然喬丹很出色，但是公牛隊的團隊力量不是增強了，反而是減弱了。

這個案例可以這麼理解，公牛隊的成功當然有賴於喬丹發揮了巨大的作用，但是過分依賴喬丹的結果，是其他隊員的力量削弱了。看起來，喬丹並沒有脫離團隊，但是正因為他太過強大，鶴立雞群，而使他高高在上，這樣間接地使他脫離了團

隊。從本質上來講，籃球畢竟是一個集體項目，離開了任何一個人都是難以取勝的，反過來說，僅僅依靠某一個巨星也是難有作為的。雖然，大多數人都知道要有團隊意識，但實際操作時，卻不一定能夠真正明白，並真正做到。

就像上文中的小峰，因為脫離了團隊，而成為孤家寡人；喬丹雖然人在團隊中，但也是因為鶴立雞群，致使他的存在反而減弱了團隊的力量。這就從正反兩個方面說明了，職場中的員工不但要有團隊意識，更重要的是要切切實實地讓自己成為團隊中的一員，這樣，才能最大可能地發揮出自己的能量，從而使自己未來的職場生涯迸發出奪目的光彩。

◆ 分享是一種快樂

在一個團隊中，每一個人都要明白分享是一種快樂。而且，也只有明白分享是一種快樂的人，他才能真正明白合作雙贏的道理。這是為什麼呢？

因為懂得分享是一種快樂的人，他才會真正明白把自己成功的喜悅告訴別人，把自己成功的經驗介紹給別人，讓自己在感到快樂的同時，把原本是一份的快樂和經驗變成了兩份、三份，甚至更多，以致讓自己更加的快樂。同樣，當別人把他的快樂和經驗也分享給你的時候，你在學到了別人的經驗同時，

也感到了快樂。也就是說，分享是一種快樂和經驗的倍增器。分享在職場理念中是合作雙贏的基本要素。

只可惜並不是所有人都懂得這樣的道理。

猶太教明文規定，信徒在安息日這一天不能從事任何活動，必須在家裡安安靜靜地休息。因此，在安息日這一天，任何體育場所都沒有猶太教信徒。甚至在大街上的行人都少了許多──猶太國家的國民大多信奉猶太教。但是這一天，有一位酷愛打高爾夫的猶太教長老，卻犯起了球癮。他想偷偷地去打上幾桿，但又怕別人看見。其實，他自己也知道，他畢竟是猶太教的長老，自己帶頭違反規定實在不好。但是，他又非常想打高爾夫球，怎麼辦呢？他在心裡苦苦掙扎了好長時間後，還是決定不顧規定，悄悄溜到高爾夫球場打幾桿。他想，今天是安息日，不會有信徒到球場活動。再說，他只打九個洞後就回家，不會有人看見自己的。

到了高爾夫球場一看，果然沒有猶太教信徒，甚至也沒有其他人，他很開心，便打了起來。然而，長老想錯了，他沒有看到別人，卻不代表沒有人可以看到他。事實上，長老打第二桿的時候，天使便發現了他。天使非常氣憤，長老竟然帶頭違反規定。於是，天使氣呼呼地跑到上帝那兒去告狀。上帝也覺得這個長老太過分了，便對天使說：「嗯，你說得不錯，一定要懲罰這個不遵守規定的長老。」

這時，在球場上全神貫注打球的長老並不知道上帝要懲罰

他，還在專心致志地打球。其實，長老的球技並不是很高，他只是很喜歡這項運動，但是今天卻非常奇怪，從第三個洞開始他居然打出了十分完美的成績，幾乎全是一桿進洞。他感到很驚訝，並為自己的成績感到高興。他偷偷地向周圍看了一看，沒有人看到他在打球。他高興得想大聲歡呼，卻又怕別人聽到。所以，他努力壓抑著自己不讓自己笑出聲來。

等到長老完美地把球打進第七個洞時，天使還是沒有看見上帝懲罰長老，反而讓長老的球越打越好了。天使非常不解地問上帝，然而上帝卻笑而不答。

長老順利打完了九個洞。長老感到非常奇怪，想不到今天的手氣這麼好，竟然打出了這麼好的成績。原本，他想打完九個洞就回去的，但是因為他太興奮了，於是，他決定再打九個洞就回去。

天使看到這樣的局面，便更加不解了，於是，祂生氣地問上帝：「您到底什麼時候懲罰這個長老。」上帝卻說：「我已經在懲罰他了。你仔細看看他的表情，聽聽他的心聲。」天使便繼續在天上看著長老打球。

長老的球越打越順利，他的成績好極了，不要說他自己從來沒有打出過這樣的好成績，即便是世界上超一流的高爾夫選手也打不出這樣的成績。長老激動得眼淚都要流出來了。他想把自己成功的喜悅告訴別人，可是今天恰好是安息日，他不僅不能把這個消息告訴任何人，甚至連一聲歡呼都不能夠。他只

能把巨大的喜悅壓抑在心裡，他熱血沸騰，滿臉通紅，卻連一句話都不敢說出來。他實在高興得受不了。然而，就在這時，他又打出了超一流的一桿，他實在受不了，於是大聲說：「上帝呀，您不要再懲罰我了。下一次，我一定不敢在安息日出來活動了。」

在這個故事中，那個長老的確十分地快樂，但是那一天是安息日，他就是有再大的喜悅，他都不能告訴別人，甚至連歡呼一聲都不能夠，你說他的心裡是多麼的難過。其實，在職場中也是一樣的，自己有能力，有水準當然是個好事；自己獨立完成了一項任務，而且很出色，這當然是個好事情；但是如果把這樣的喜悅，把自己成功的經驗永遠地壓在自己的心裡，他的心裡其實並不是很舒服的。再說了，即便是自己的快樂，自己享有的經驗，那也是一份快樂，那也是一份經驗。但是如果把這一份快樂和經驗分享給別人，你豈不是更加的快樂？

石油大王洛克斐勒有一段話說得好，他說：「財富如水。如果是一杯水，你可以喝下去；如果是一桶水，你可以擱在家裡；但是如果是一面池塘或一條河流，就要學會與人分享。」這句話，如果把它運用到職場中，也是很有道理的。工作中有了小小的心得和經驗，可以一笑置之；工作中有一些工作心得和經驗，你也可以謙虛地對自己說自己還很淺陋，還要再努力，最多是藏在心裡偷偷地樂一會兒；但是如果取得了職場的巨大成功，卻不把這一份喜悅、心得和經驗，與別人分享，那就很

不合適了。不但他自己不會有快樂，不能融入到團隊中，不能成為團隊中的一員而談什麼合作雙贏，甚至連自己辛辛苦苦得來的勞動成果都有可能保不住，而使自己的職場生涯平添許多坎坷。

有一個農民，在偶然的機會裡，得到一批品質優良的小麥種子。他非常開心地拿回家試種。他是一個十分盡職的農民，耕田、播種、施肥，除草、收穫，每一個環節他都很做得很精心，終於皇天不負有心人，這一年他家的小麥大豐收，而且比別人家的小麥單產高出了一大截。

農民非常開心，然而在開心的同時，心中產生了不少憂慮。因為他怕自家小麥豐收的祕密若被別人家知道了，他們也會和他家小麥一樣高產。這樣，他就在鄉鄰面前，就不能把頭抬得高高地走路了。所以，他便想盡一切辦法保守自己的保密。

然而，好景不長，他們家的良種到了第四年，不但產量比別人家的小麥少了許多，而且病蟲害也比別人家嚴重得多。那一年，別人家的小麥都豐收了，但他們家卻損失慘重。農民十分地不解，因為他很用心地對待自家的小麥，為什麼今年會如此減產呢？不得已，他請了一位農業專家來家裡，查看原因。

原來，他們家田的周圍都是普通麥田。而花粉的相互傳播，是不分良種田還是普通田的，因此經過幾年的種植，他們家所謂的良種發生了變異，品質下降了。

在這個案例中，那個農民如果把自己的祕密告訴別人，把

自己的成功經驗分享給別人，那麼他們家的良種田旁邊都是良種田的話，優良小麥的花粉相互傳播，就不會使小麥發生變異的現象了。這個故事中農民想保住自己的祕密，讓自家的麥田永遠高產，沒想到，沒有與鄉鄰分享的結果卻讓自家的田蒙受了巨大的損失。

其實，萬事同理，職場中的情形也是一樣。身為一名員工，要懂得與自己的同伴分享勞動成果，在把自己的心得、經驗告訴別人同時，也把自己的快樂傳遞給別人。同樣道理，別人把他們的心得，經驗告訴自己，自己便能更加順利地工作，取得更好的職場成績。而且，在與別人分享自己的心得、經驗與歡樂，其實還是一種讓心得、經驗與歡樂「保值」的好辦法，否則的話，不但不能使自己的優勢得以長久保持，甚至有可能讓自己喪失掉本應有的優勢，這就得不償失了。這便是合作雙贏的道理。

◆ 不要抱怨自己比別人做得多

在現代職場中，雖然合作雙贏已經成為人們的普遍共識，但是存在著一個不容忽視的誤區：有不少的員工認為既是合作，那每個人都要做一樣的事情，每個人承擔的責任和義務是一樣的，當然雙贏的成果也要是一樣的，至少是差不多的。這種想

法，從情感上來講，可以理解，但在現實工作中，卻萬萬要不得。因為誰都無法做到絕對的平均。如果老是覺得自己跟別人的合作中付出太多，這在無形中會影響自己的情緒。如果這樣的情緒沒有得到有效的緩解，那麼你和合作夥伴之間的矛盾，就會不可避免地產生了。如果情勢再進一步惡化，就談不上合作雙贏了。

這裡有一則新龜兔賽跑的故事，很能說明問題：

第一次龜兔賽跑，就是人們所熟知的故事：兔子因為驕傲半路睡覺了，所以烏龜跑了第一，而兔子卻輸掉了。兔子心裡很不服氣，牠覺得那是牠大意了，才讓烏龜僥倖取勝的。於是，牠要求再比一次。第二次龜兔賽跑時，兔子吸取了第一次的教訓。牠不睡覺了，而是一口氣跑到了終點。所以，第二次龜兔賽跑中，兔子勝了，烏龜輸了。這一下，烏龜又不服氣了，要求比第三次。烏龜就對兔子說，前兩次都是你指定的比賽路線，現在由我來指定。兔子爽快地答應了。牠心想，隨你指定什麼路線，我還能跑不過你？牠根本就沒有把烏龜放在眼裡，所以他看都不看烏龜選什麼路線，就開始了第三次龜兔賽跑。兔子飛快地跑在前面，然而令人沒有想到的是，快到終點時，兔子被一條大河擋住了去路。牠急得團團轉，卻沒有任何辦法。過了好久，烏龜終於慢慢爬到了。烏龜從容不迫地游過了河。第三次龜兔賽跑，烏龜贏了，兔子又輸了。

這一次比賽，讓龜兔都冷靜了下來。他們想，老是這麼比

賽，有什麼意思，不如我們合作吧。第四次龜兔賽跑開始了，在陸地上，是兔子背著烏龜跑，到了河裡，換烏龜背著兔子游，這樣他們兩個同時到達了終點，取得了雙贏的結果。

這個故事很有意思，尤其對於現代職場很有啟發。

第一次龜兔賽跑中，烏龜本來是不可能取勝的，但是烏龜堅持到底，在等待中終於抓住了對手的致命錯誤，所以烏龜取勝了。

第二次龜兔賽跑中，兔子之所以取勝，那是因為牠把自己潛在的能力發揮了出來。

第三次龜兔賽跑中，烏龜改變了策略。因為牠明白如果按著原來的路線比賽，即便是再比上一萬次，牠還是沒有機會獲得勝利。正常情況下，對手是不會犯同樣的錯誤 —— 兔子是不會在比賽時再睡覺的。於是，牠改變了線路，把自己潛在的優勢發揮了出來 —— 牠會游泳，而兔子卻不會。因此，牠取勝了。

最重要的是第四次龜兔賽跑。其實，故事本身並不難懂，第四次比賽的結果是龜兔同時到達了終點。這個故事給人的啟示是合作雙贏。但是裡面卻有一個值得人思考的問題。如果兔子認為在陸地上牠背著烏龜太吃虧了 —— 陸路比河的寬度長多了，心裡想，憑什麼我要背你走這麼遠啊？而我們最後所獲得的結果卻是一樣的。於是，兔子越跑越覺得自己吃了大虧，便在一個轉彎的地方，故意把身子一扭，烏龜被重重地摔到了

地上，受傷了。這下子，兔子心裡平衡了，甚至還有點幸災樂禍，然而，結果會如何呢？

其實，兔子這點心思，烏龜心裡明白得很。烏龜雖然跑得不快，但是智力不成問題，尤其是牠被兔子故意摔了一跤之後，就更明白了。想想，這時候烏龜會採取什麼對策呢？其實，即便是兔子沒有故意摔牠，也有可能覺得自己吃虧了。牠會這樣想：「兔子是跑得快，但是如果沒有我背牠過河的話，牠能順利到達終點嗎？所以，還是我的功勞最大。既然我的功勞最大，為什麼還跟牠平分勝利的果實呢？如果烏龜真的這樣想，兔子的命運會如何呢？如果說兔子只是讓烏龜摔了一個跟頭，皮肉受點苦而已，那麼兔子所要面臨的可是生命之憂 —— 牠只要把身體輕輕一晃，兔子就會掉到河裡淹死。

這樣一來，如果龜兔雙方各懷鬼胎，就不要說合作雙贏了，一個身體要受傷，一個連性命都保不住。

這樣的結果，其實龜兔雙方都不願意看到。如果真的出現了這樣結果，那就是牠們合作動機有問題，至少說牠們不知道什麼是真正的合作，牠們缺少基礎的合作誠信。這個故事的寓意是深刻的，尤其是對於現代職場很有參考價值。

想想，如果職場中的人嘴裡說著合作雙贏，但在實際行動中，又是那麼斤斤計較，什麼事情都想著要公平，什麼事情都不想吃虧，那麼在合作的過程中，能不產生矛盾嗎？其實，職場中要有一個「我為人人，人人為我」的思想，這樣才不會過分

計較一城一池的得失，才會真正全身心地投入到職場中。也只有這樣才能真正做到優勢互補，合作雙贏。

　　回到開始的話題上，在現代職場中不要總是抱怨自己比別人做得多，要相互信任，這樣才能真正地做到合作雙贏。

第五章
決策力 —— 做「思考者」，不做「擲鐵餅者」

　　什麼是決策？決策是人們透過分析、比較後，提出問題、確立目標、然後設計方案，最後，在各種可供選擇的方案中選擇最佳化的方案的過程。而決策力，當然便是在提出問題、分析問題、選擇方案的過程中表現出的能力。

　　因此，從表面上看，這個決策力是上司應該具備的能力，似乎跟職場中的普通員工沒有什麼關係。然而，如果換一個角度看，決策力跟職場中的員工還是息息相關的。事實上，職場中的員工完全可以把自己具體的工作，看作是一件件需要你決策的事情。這樣一來，職場中的員工同樣也要為了實現某種目標，而對未來一定時期內相關活動的方向、內容及方式做出必要的選擇或調整。換句話說，職場中的普通員工也是要有決策力的。只不過從外在形式來看，也許沒有上司或公司高層要決策的事情看起來那麼重大，但就工作本身而言，同樣重要，而且同樣需要決策力。

◆ 像上司一樣思考

　　職場中的人們，是不是只要把自己的本職工作完成，就行了呢？其實，不是這樣的，你還應該盡可能多站在上司的角度思考問題，甚至像你的上司一樣，做自己力所能及的事情。這樣做，不但有利於把自己的工作做得更好，更重要的是，你

這樣做很容易使自己融入到團隊中，融入到公司的管理中。而且，如果長期這樣去做，你還很有可能收獲許多意想不到的東西。

余小姐是一位剛剛畢業的大學生，畢業後，她曾受僱於一家外資企業，擔任一名普普通通的辦公室行政。她的工作不是很複雜，也就是每天拆閱、分類大量的公司信件。每天重複著同樣的工作，很單調不說，而且薪資也不高。按理說，一般女孩對於這樣的工作，是沒有多大興趣的。多數女孩做不了多久，便要求調動職位，或者乾脆辭職到別的公司工作了。正因如此，公司在不到一年的時間內連續換了三個辦公室行政。其實，公司也認為余小姐不會待很長時間，然而，令公司沒有想到的是，余小姐不但沒有嫌棄這份工作，甚至盡心竭力地把自己的工作做好。除此之外，每天晚餐後，她不是立即回家，而是回到辦公室繼續工作。她不計報酬地做著那些並不屬於自己的工作，例如替自己的上司整理好文件等等。

她的上司是公司的辦公室主任，他的工作很瑣碎，而且很繁忙，每天有很多的事情要處理。因為頭緒多，而工作沒有什麼規律，所以上司常常忙得焦頭爛額。更要命的是，處理這麼多的事情需要許多的資料支援，否則的話，根本無法處理。於是，余小姐就想，如果我能幫上司把各種資料事先都準備好，那麼第二天上司工作起來，豈不是要順手許多。說實話，她當時沒有想太多，就是想幫助上司做一點事情而已。

　　從那以後，每一天晚上，她都會自覺地到公司把上司第二天可能要做的事情都羅列出來。而且，她還盡量站在上司的角度思考，上司可能遇到的困難和需要的各項資料，然後精心地準備。可想而知，第二天一上班，上司來的時候，很快把事情處理完了。這對於上司來講實在是太重要了，因為有了余小姐，雖然上司的工作量並沒有減輕，但工作起來不再那麼忙亂了。

　　其實，這一切都不是她應該要做的事情，但是她卻一直這樣做，並不是為了誰，不是為了得到上司的肯定，也不是為了上司能表揚她、感激她。她只是覺得應該這樣做而已。

　　一天，上司的祕書因為一個特殊的緣故，辭職走了。這對她來說，是一個十分難得的機會，然而，余小姐工作實在不是為了得到什麼，所以祕書的離開，她一點都不為所動，她還是做著自己認為應該要做的事情。其實，上司早就注意到了這名不計名利的余小姐。祕書突然的離開，使上司立即想到了她。其實，在祕書走之前，余小姐已經做了許多祕書應該做的事情。

　　余小姐做了祕書之後，仍然和以前一樣，下班後沒有立即回家，而是把明天所有的工作都籌畫好，然後再回家，而且天天如此。後來，上司升任為總公司行政部長的時候，她又順理成章地成了公司的辦公室主任。

　　然而，對於余小姐來說，她的職場故事並沒有結束，她還是一如既往地工作著，仍然不計任何報酬地工作著。於是，這

位年輕人引起了公司越來越多人的注意。獵頭公司常常跟她聯繫，希望她到別的公司工作。很多公司在了解了余小姐的工作能力和工作成績後，都紛紛為她提供了更加優厚的條件和更高的職位，希望她能加入。其他公司的器重和獵頭公司的注意，使公司更加意識到余小姐對於公司的重要性。於是，便極力地挽留她，並多次為她調薪。此時余小姐的職場狀況，已經大大不同於剛出社會時。薪資漲了十幾倍，而且還順利地進入了公司高層。

雖然老闆給余小姐的實際薪資很多，但是老闆卻不覺得有多高，這是因為這個優秀的女孩，總是讓老闆覺得她對於公司來講實在是太重要了。有幾次因為她出差到外地一個星期，老闆的工作就顯得特別的忙亂，而且，老闆還覺得自己失去了一位絕好的幫手，許多事情沒有她的參與就是不行似的。等到她出差回來時，老闆長長地舒了一口氣。心想，她終於回來了。這是為什麼呢？其實，說起來也很簡單，就是只要她在公司，她就總是把自己置於老闆的立場上思考許多問題。這使她在老闆心中的位置越來越重要，事實上，她已經成了老闆工作中一個不可替代的助手。很顯然，余小姐的職場生涯是順利的，她的職場打拚是無比成功的。

那麼余小姐的案例中，有什麼值得思考的東西呢？

大多數的員工都想著把自己的工作做好，以為這樣就行了。當然，在大多數的情況下，這樣的思路是對。不過，凡是

都不能絕對。如果一個員工，僅僅會做自己的事情，他的發展空間是十分有限的。其實，作為職場中的員工，完全可以換一個角度思考問題。上司需要你做的事情，實際上是上司工作意圖中的一個環節，你把這個環節做好了，當然能夠實現上司的工作意圖。但是，如果僅僅就事做事，而從不考慮上司的意圖，不能站在上司的角度思考問題，其實你對於自己的工作重要性的認知是不夠的，對其在公司全面意義上的價值也是認知不足的。在這樣的情況下，你無論如何都無法把自己的工作做到極致。所以，職場中的員工，無論是做自己的工作，還是做分外的工作，都要盡可能地站在上司的角度去思考問題，如果你長期這樣堅持，你在公司中便很容易快速地成長起來，而且你完全有可能使自己變得像上司一樣重要。

威爾遜大學畢業後，在一家著名的 IT 公司工作。剛進這家公司時，威爾遜只是技術支持中心的一名普通工程師，不是特別的出眾。然而，他非常想把這一份工作做好，於是，他便十分努力地工作。

一次，他發現經理對於職員的具體工作情況，要一直到月末的報表上才能清楚地知道，這樣對於調配與生產，以及監控督促員工的工作都顯得很滯後。他想：如果經理每天都能及時得到報表，從經理工作的角度看，豈不大大地方便經理工作？於是，他利用一個週末的時間，設計了一個能夠快速反應工作狀況的報表系統。上司看到了這個報表系統很有創意，便很快

把這個系統應用到實際工作中。上司對於威爾遜的表現十分滿意，威爾遜也看到了自己工作的方向。從此之後，他在做好本職工作的同時，常常站在上司的角度思考問題，站在上司的角度做一些力所能及的事情。沒多久，公司總裁從他的身上看到了他的優異品質，認為他可以從更高的管理角度思考問題，是一個可用之才。於是，便計劃在一個適當的時機提拔他。一年後，總裁提升他擔任公司亞洲市場的技術支援總監。

這個案例很發人深思。眾所周知，現代職場，已經大大不同於以往，競爭十分激烈。如果你不好好工作，將會被無情地淘汰。然而，如何去做好本職工作卻大有玄機。如果你僅僅滿足於現狀，你當然把手頭上的工作做得差不多就行了。但是如果你想在職場上有更好的發展，那就不是把自己的工作做好那麼簡單了。你不僅要做好自己的工作，而且還要時時站在上司的角度思考問題，盡可能地達到上司所期望的水準，甚至還要好。而且，還要處處做有心人，隨時把自己放在上司的角度去看，去思考。如果經常這樣審視自己的工作，你就會不斷地進步，而且絕不會適可而止。只要自己能夠堅持下去，公司會逐漸發現你是公司不可或缺的員工。當公司意識到你的重要性時，你的職場生涯自然要順暢得多。因此，一個職場中的員工千萬不要滿足於現狀，而要不斷地努力，不斷地進取，要時時把自己當作公司的主人，時時站在上司的角度思考問題，這樣才能不斷進步，走向輝煌的未來。

◆ 決策要領

　　在一般人有看來，決策是屬於公司上層的事情，跟職場中的普通員工沒有什麼關係。然而，事實真是這樣嗎？不，其實不是這樣的。公司的營運與發展，當然離不開上層決策，事實上，正是一個個高瞻遠矚的決策才使得公司健康快速地發展。然而，職場員工的職業發展同樣離不開一個個正確的決策。

　　那麼職場中員工的決策有什麼要領呢？

　　奇異公司是一家大型集團公司。公司的經營範圍十分廣闊，從空氣引擎到動力設備，從燈具、塑膠到醫療設備等，公司都有涉及。1981 年 4 月，傑克·威爾許（Jack Welch）接任公司總裁。威爾許上任之後不久便發現管理這麼一家規模龐大、產品分散的公司，實在不是一件簡單的事情。他的每一個決策都要十分小心，然而即使這樣也難免不出錯誤。而且，他還發現，他並不比公司的員工對公司了解多少，事實上，第一線職員比他更了解公司。於是，他決定讓管理人員放下身段，認真傾聽職員對企業決策的建議。

　　運行了一段時間後，他覺得這樣的管理模式很好，於是，他便在全公司內實行「全員決策」制度。這樣，即便是那些普通工人、中層管理人員，都有權利參與公司重大事件的決策。所有參加決策討論會的人員，不分職位的高低，貢獻的大小，都彼此平等，而且都可以暢所欲言。威爾許十分重視員工提出來

的不同的意見，而且爭議越大的方案，威爾許就越重視 —— 在比較鑑別之後，做出決策；而那些眾口一詞的意見方案，他反而要等一下，暫時不做決策。他要等到有不同的意見後，他才做出決策，以免因為決策不當而造成公司重大損失。正因為公司採用了「全員決策」的管理模式，公司獲得了極大的發展。幾十年來，公司的銷售額不斷攀升，僅僅從 1980 年到 1990 年，其銷售額就由 286 億美元上升到 584 億美元。

在這個案例中，威爾許對於公司的決策不是一步完成的。他十分重視人們不同的意見，並匯總人們的意見，從各種不同的意見中選出最合適的方案，然後再決定是否採用。也就是說，他的決策不是一次性完成的。他常常在多種方案中進行不斷比較，最後選出最合適的方案，做出最後的決策。如果沒有不同的意見，他採取的方式是暫時不做決定，等到有不同的意見後，再決定。這樣的決策方法，最大限度地規避公司的風險。事實證明他這樣做十分正確。

其實，職場中的決策也是同樣的道理。面對一個工作任務，其實有多種工作方案。如果員工只要想到一個方案，不進行任何論證，也不聽取別人的意見，便立即決策執行的話，工作風險實在太大了。當然，他的職場風險也因為他的草率決策而大大增加。其實，職場中的每一個工作決策都不是一步完成的，都要有一段過程。這是職場決策的第一個要領。

第二要明白職場決策總不可能做到十全十美。

　　小張是某大型電冰箱公司的銷售員，一次他奉命到某城市開拓市場。公司的策略是要透過一到兩年的努力，使公司的產品在這個城市站住腳，尤其是使公司的高端節能冰箱能在該城市有一個長足的發展。然而，小張到了該城市以後，才發現公司的產品在這個地方的知名度不高，市場不是很認可。而且，這個城市的環保意識不是很強，經濟條件不是很好。小張經過調查發現，如果按公司的策略用高端節能型冰箱直接殺進市場，從公司的品牌形象的角度講，當然對公司是很有好處的，但是缺點是，這樣的開拓方案，很難在短時間內見效。換句話說，在一兩年內，公司的產品在該城市的市場占有率很難令人滿意；但是如果從公司的一些低端產品入手，就很不一樣了。因為公司的低端產品價廉物美，對於一個環保意識不是很強，而且經濟條件不是很好的城市來講，這個方案要現實得多。公司要在一到兩年的時間內在該市站住腳的策略，還是可以實現。但是問題是這樣一來，公司的品牌形象將會受到比較大的影響，市場占有率是上去了，但是給人的印象是公司生產的產品級別比較低。雖然可以在一兩年的時間內取得階段性的成果，但是對於公司的長期發展不是很好。

　　於是，小張很苦惱，不知道如何做好。然而，小張畢竟是一個成熟的職場員工，他明白任何決策都不可能十全十美。在這兩個方案中，他必須做出抉擇。他覺得對於公司來講，生存是第一要素。如果連生存都不能，就無從談起公司的品牌了。

於是，他決定用公司的低端產品殺入市場，等時機成熟逐漸成熟之後，再在適當的時機把公司的高端產品推向市場。當然，這是後話了。

小張為公司寫了一份詳細的市場調查研究報告，闡述了自己的觀點。公司經過認真研究後，同意了小張的方案，最終公司的產品順利地進入了該市。

這個案例表明職場決策不是十全十美的。每一個方案都有自己的優點，也都有自己的缺點。如果一定要把方案做得各個方面都很完美，那麼執行這個方案很可能要付出過多的代價。看起來方案是完美無缺，若從執行的具體效果來看，還是得不償失。但如果明白任何方案都不可能絕對完美，都是要有所取捨的話，情況就大不一樣了。就像上例中的小張最終選擇用公司的低端產品進入市場，是由公司目前的現實狀況決定的，雖然這並不是一個完美無缺的方案，但卻是一個十分可行的方案。也正因為這個緣故，小張取得了的成功。職場中的決策不能一味考慮決策的完美性，還要考慮決策的可行性。這樣，才能合理決策。

另外，決策中還要注意不斷調整方案。這是因為決策是一回事，而實施又是一回事。在具體實施的過程中，往往會碰到許多意想不到的問題和矛盾。身為決策者，不能因為一時的困難就輕易放棄原來的方案。當然，也不能一成不變地執行既定方案。如果市場發生了變化，或各方關係發生了變化，若再堅

持預定的方案，那就很不適宜了。因此在具體實施中，還要根據具體的情況，而做適當的調整。決策不是一成不變的，而是隨著情況的變化，不斷調整。

綜上所述，職場決策不能閉門造車，要多方聽取意見，要明白決策不是一次完成的。決策受制於各方因素，任何決策都不可能是完美無缺的，要有所取捨，而且實施的過程中還要根據具體的情況，再做適當調整。這樣，便能使職場決策最大可能地合理化、有效化。

◆ 決策在於自己

在職場中能不能得到良好的發展是受到多方面因素制約的，例如你所在公司的發展前景、福利待遇、工作環境等等。如果從個人的角度來看，就要考慮好自己的職場定位和人生目標，要從發展的眼光考慮個人發展和前途。「凡事豫則立，不豫則廢」，如果對自己的職場生涯有一個清晰的概念，而且能夠進行科學的決策，那麼一般情況下，這個人的職場發展的思路要清晰得多，職場發展的軌跡要合理得多，否則的話，就很容易陷入一種隨遇而安的狀態，而使自己的職場生涯蒙受不必要的損失。

小盛是一家大型 IT 公司的經理，他曾在 IBM 工作了十幾

年，累積了大量的工作經驗。他來到這家公司工作一段時間後，發現職場發展的空間已經不符合自己的期待。他本來是想再做一段時間後，等上司發現了自己的才能，再跟上司好好商討的。然而，他發現這樣的等待意義不是很大。因為大家都知道自己的工作背景和出身，知道他的工作能力，再說了他在現在的職位上也已經做出了不小的成績，按理說，他早該得到升遷的機會了。然而，卻遲遲不見公司的動靜。他覺得再這樣等下去，是白白荒廢時間。如果說等一段時間後，上司能夠考慮到他的具體情況，能夠給予他升遷的機會，那還好說，但是現在看來上司似乎還沒有考慮他，至少上司的態度不是很明確。

然而，對於他來說，一個人的職場黃金期是很短的，如果再這樣無謂地等待下去，實在沒有那個必要。於是，他找了一個恰當的機會，直接找到他的上司——公司的副總經理。他說：「副總經理您好，您覺得我的能力如何？」

副總經理不知道他的來意，非常不解地說：「你很好，工作認真踏實到位，而且很有經驗，雖然你來的時間並不是很長，但是已經為公司做出了不小的貢獻。怎麼了，有什麼問題嗎？」

小盛說：「問題倒是沒有，不過，我有些個人想法，想跟您溝通一下。對不起，您能不能告訴我，我還有沒有升遷的機會？」副總經理沒有想到他會問這個問題，感到非常的驚訝。他的表情告訴了小盛，至少到目前為止公司還沒有考慮給小盛

升遷的機會。果然副總經理說：「對不起，暫時還沒有這樣的計畫。不過，你好好做，說不定將來會有機會的。」

雖然副總經理並沒有把話說死，但副總經理的話，並不難理解。他所謂的機會，其實是沒有的，只不過是官場上的話而已。因此小盛看到了自己在公司中的地位，也看到了自己在這家公司的未來發展趨勢，於是，他決定跳槽。

隨後的一段時間內，他來公司上班的積極性一點都沒有減，仍然早出晚歸，仍然盡心盡力，甚至比他跟副總經理洽前還要賣力，而且還為了公司做出了更大的貢獻。他所做的這一切完全憑著對職業的尊重。不過，在他認真工作的同時，他也加快了跟獵頭公司的聯繫，尋找真正屬於自己的職場位置。經過一番努力，一個月後，他成功地為自己爭取到了某外企總經理的位置。

在這個案例中，小盛不但是一名十分優秀的職場員工，而且很清楚自己的價值，對於自己在職場有著十分清晰的定位。當他在這家公司裡感覺不是很有前途時，他採取的方式是，在本職工作上更加盡責，同時積極尋找屬於自己的職場位置。小盛不是被動等待別人的提升，而是採取積極主動的攻勢 —— 問上司自己有沒有升遷的可能和尋找獵頭公司為自己爭取更好的職場位置。由此看來，職場的員工能不能得到升遷的機會，關鍵在於自己掌握與尋找，關鍵在於有沒有找到合理的職場定位。

除此之外，要注意的是，還要學會職場評價。一般來說，

職場中的人都習慣於公司對於員工的評價。其實，作為職場中的員工，你也是可以評價公司的，事實上，也必須對公司有一個客觀的評價，這樣才便於你做出正確的職場決策。

白小姐是一家國營企業的上班族，她在公司裡擔任部門經理。她年齡不大，但很有上進心，所以升遷的速度自然比別人要快得多。因為白小姐所在公司是一間改制公司，所以，她升到中層後，她的職場空間還是比較大的，而且薪水也比以前多了不少。但是她在公司工作一段時間後，她覺得應該要有更大的發展空間，於是，她希望能跳槽到一間更好的公司。就在這時候，獵頭公司找到了她，為她提供了一個機會，到一家合資企業去做經理。雖然職位跟現在差不多，但是薪水明顯高了許多。她便有些動心了。然而，最終她卻沒有到這家合資企業。獵頭公司感到很奇怪，便問她是怎麼回事。

白小姐便告訴了獵頭公司原委。原來，獵頭公司提供機會給她後，她便從各種管道了解這家合資企業。這家合資企業的確規模比較大，而且將來升遷的機會顯然要比她目前大得多，薪水也是她目前的兩倍。看起來，一切都要比她現在職場狀況要好得多，白小姐辭職跳槽似乎是理所當然的事情。但是聰明的白小姐是一個很有經驗的職場員工，她不僅僅看到了這家合資企業的表面風光，更看到了這家企業的內在問題。因為她有一個朋友，在這家合資公司上班，她的朋友告訴她說，這家公司的外商老闆雖然很敬業，工作能力非常強，但是卻有著明顯

的大國優越感。跟他在一起工作雖然能學到不少的東西，但是明顯地感到沒有人格尊嚴，甚至在許多時候還要承受國格的汙辱。而這是白小姐所不能承受的。她的朋友還告訴白小姐說，她要去做的那個職位的前任經理，就是因為受不了外商總經理的人格傷害和國格的踐踏，而憤然辭職，炒了老闆魷魚。她還說，公司裡的員工都拍手稱快。而且所謂的薪資高也是用兩倍以上的工作時間換來的，也就是說，從單位時間上看，白小姐將來的職位薪資並不比現在的職位高到那裡去。所以，白小姐便決定不跳槽，在自己的公司好好做上幾年。

在這個案例中，很顯然白小姐是一名有著職業頭腦的職場員工，她不是一味地讓公司來評價自己，而是極為理性地評價公司。做一名好員工固然重要，做一名讓公司滿意的員工當然能夠得到很多的升遷機會，但是凡事都有原則，不能為了升遷而升遷，也不能為了調薪而不顧一切，這樣做不僅有可能讓自己得不償失，更重要的是這樣做的後果將有可能嚴重違背自己的職業道德，有違自己的職場定位和職場規畫。

因此，一名優秀的職場員工不能一味地讓公司來評價自己，而是要更加積極主動地評價公司。從公司狀況、工作環境、職場前途、薪資待遇等各個方面綜合評價公司，看看這個公司到底適不適合自己。如果適合自己的話，那就好好地做下去。如果不適合的話，一邊認真地工作，一邊再做打算。這樣才能有利於自己的職場發展。

　　人生本來就是一個不斷選擇，不斷決策的過程，不過，需要注意的是，選擇的權力在於自己，決策的過程也在於自己。即便沒有辦法，必須勉強留任不適合的公司，也要做一個有準備的人。也就是說，在職場中要做一個積極主動的人，而不是把什麼都交給別人，交給公司，甚至交給不可知的命運。這不僅對自己不負責，對於公司來講，也是一個極不負責任的行為。

◆ 理性決策

　　職場員工一定要有自己的職場目標，這樣他的職場生涯才不會盲目。這是許多職場成功人士的經驗談。的確，職場也是人生追求的一個重要的部分，時刻做一個有準備的人，時時刻刻都在努力，他當然能夠取得不平凡的成就。但是凡事都不能做死了，職場中有目標自然是必需的，但是如果把自己的職場目標定得過分刻板，那就不好了。事實上，沒有任何一個目標是一成不變的，都是要隨著情況的不斷變化，要理性地重新修正，重新決策。

　　李先生是一名計程車公司的員工。他的家境不是很好，父母都得了重病，妻子又沒有工作，再加上孩子上大學，全家人都依靠他一個人的收入過生活。他的確生活得很艱難，整天唉聲嘆氣的，但也沒有什麼更好的辦法。所以，他只好沒日沒夜

地工作，希望自己的辛勤工作能養活一家人。

正因為家境困難，所以，他便給自己定了一個日收入計畫──每天必須賺到 2,000 元（毛額）才能收工回家。他之所以這樣做，那是因為做到 2,000 元，他才能把公司的抽成交了，把油錢扣除了後，還剩下差不多 800 元用於養家糊口，否則的話，日常生活就困難了。然而，計程車司機這份職業比較特殊，它受天氣的影響比較大。天晴時，顧客大都願意步行、騎車或乘公車，因此計程車的生意就難做一些。但是雨天的情況，就不同了。因為沒有人願意在外面淋雨，所以搭乘計程車的顧客要比平時多很多，甚至出現了有錢也叫不到車的情況。

對於這個工作特點，李先生不是不知道，但是因為他給自己定了一個十分刻板的職場目標，所以，晴天的時候，他常常要工作到很晚，他才回家。因此，他感到非常的疲憊。而雨天到了，本來可以多賺一些錢，但是李先生卻覺得平時工作太辛苦了，結果早早地收工回家休息了。雖然李先生心裡也清楚，如果在雨天多工作一個小時，可以讓他在平時少工作兩個小時。然而，他還是完成了日定量後，就回家了。當然，說起來，李先生的話也是有道理的，平時沒有時間好好休息，現在好不容易完成了日定量，早點回家也是在情理之中。

然而，如果從職場的角度思考，李先生的職場做法實在有待商榷。

其實，無論從事什麼樣的職業，都存在工作效率的問題。

職場中不能沒有工作目標，但是也要尊重客觀事實。畢竟人的工作狀態是有週期的，心情好的時候，工作效率要高一些，這就好比李先生在雨天工作一樣。在單位時間內，能夠做出更多的工作，而且一點也不感到累，甚至在做了很久之後，還會意猶未盡，很想繼續再做一段時間。而有的時候工作不在狀態內，不但工作效率低下不說，還會不時地出錯。這就好比晴天時的李先生，儘管工作了好長時間，收入還比雨天時少了許多。如果狀態不佳的話強行工作也不是不行，但所付出的代價要高許多。這是得不償失的。其實，無論是李先生，還是職場中的員工，都不應該一成不變地執行原定的計畫，要根據不同的情況，審時度勢，做出不同的決策。如同李先生那樣，晴天時工作不要太晚，可以把自己的日計畫少定一點；不過，雨天時辛苦一點，這樣就可以把晴天的虧空彌補起來，從總收支上來看，李先生還是可以完成工作計畫的。同樣道理，職場中的員工，如果工作效率高時，而且情緒又比較好時，不妨把自己的計畫調高一些，如果情緒低落時，就相應地調低一些。這樣從整體來來看，他還是可以完成計畫的，而且人也不是很勞累。

當然，這樣說，不是否定日工作計畫的重要性，而是說不要把什麼都定死了，允許一定的彈性，最好還是有一個最佳化的決策比較好。其實，不只是工作效率可以根據員工的情緒做適當的調整，事實上，所有的職場工作都是應該根據當時的情況做一些理性決策。比如，對於行銷員來說，如果高端產品不

適合某一個特定的市場時，就不要強行執行原先的計畫。他完全可以根據不同的具體情況，做理性的決策 —— 從低端產品進入這個特定市場，同樣達到公司占有市場的目標。如此說來，理性的決策對於職場的成功是非常重要的。

那麼職場中的理性決策要注意什麼呢？

其實，如果上升到理性決策的層次，大多數的員工還是能夠理解並贊同的。不就是要根據具體情況和具體分析，然後選擇最佳化的方案嗎？但是，事實上，人既是理性動物，又是一種非常感性的動物。許多時候，感性的東西，內在於心理的東西會在不知不覺中影響自己的決策，甚至左右著自己的決策。請看下面的一個案例。

30 年多前，有一名以色列銀行的經濟學家，曾經做過一項有趣的研究。他研究的課題是二戰後以色列人在收到西德政府的賠款後的消費情況分析。眾所周知，二戰時以色列人遭到了德國納粹的瘋狂屠殺。戰後，接受德國政府的撫恤金，那是理所當然的，儘管這筆撫恤金，數目並不是很多，而且也遠遠不能彌補納粹暴行給他們帶來的傷害。本以為他們會把這些錢小心地存起來，至少不會隨便使用，因為那畢竟是用親人的鮮血換來的。然而，讓人想不到的是，這些錢大多被他們看成是一筆意外的「收入」。這裡不討論為什麼以色列人會把這筆錢當成意外「收入」，而是著重討論他們是如何使用這一筆錢。

這筆意外「收入」，每個家庭或者個人所得款額各不相同，

有的人獲得多一些，達到他們年收入的 2/3；有的低一些，只有他們年收入的 7%。但是研究發現了一個十分奇怪的現象。那些得到賠款比較多的家庭，平均消費了 23%，而那些得到撫恤金比較少的家庭和個人竟然消費了 200%。這就意味著，得到多的家庭，並沒有完全消費完，他們把剩餘的部分存了起來；而得到比較少的家庭和個人，不但把給他們的撫恤金全部用完了，還要從自己的存款中再拿出差不多的錢補貼。這個「大錢小花，小錢大花」的有趣的現象引起了不少人的關注。

後來的研究顯示，不僅僅是以色列人是這樣，任何一個人如果得到了計畫外的收入，他的心理都是大同小異的。這種「大錢小花，小錢大花」現象跟是不是撫恤金，關係不大，而跟人們的心理有極大的關係。人們普遍認為大錢理應把它存起來，而小錢就應該用於日常消費。於是就出現了 10 元並不等於兩個 5 元的有趣現象。

這個有趣的現象在職場中，也很有代表意義。職場中常常會遇到一些機會，如果是一個很小的機會，員工大都不會很在意，採取的方式大多是一笑置之。比如，因為你的一個小小設計，讓上司很高興，於是情不自禁地表揚了你一句。因為在你的認知中，認為這樣的表揚和肯定是十分微小的，甚至你還可能認為這只不過是上司隨口一說罷了，不必太認真。這話聽起來似乎有些道理，但是如果對於所有職場上的小成功都不在意的話，你又談何成功呢？要知道，職場的成功是來自抓住一個

個小的機遇，慢慢成就起來的。當然，對於職場上的大成功，一般人都很在意，並會緊緊抓住。但是問題是，又有多少人能夠有那麼好的機會呢？對於普通員工來講，不就是一些小的機遇嗎？如果把這些小的機遇都放棄的話，你的職場生涯什麼時候能夠成功呢？

不但如此，職場目標和運作中都有存在著跟「大錢小花，小錢大花」相似的現象。「大錢小花，小錢大花」作為一個潛在的心理現象，會在人們不自覺的情況下影響甚至是左右人的理性決策。比如說，就職場目標而言，公司每月對自己的總目標計畫，員工一般是很重視的。但是，在平時的工作中，偶然的一個小失誤，員工一般是不會很在意的。以至於，第二天，或是下一次他還會犯同樣的錯誤，他仍然不以為然。等到這樣的錯誤累積起來，影響到自己的月計畫和年度計畫時，他發覺問題嚴重了，然而，那時已經太遲了。

總之，理性決策其實不是那麼一件容易的事情。不但要看清形勢，合理地做出職場決策。同時也要注意心理上的一些負面的暗示，如上面所提到的「大錢小花，小錢大花」的職場效應。

◆ 堅定的決策信念

　　無論是公司，還是職場員工，在其成長和發展的過程中，時時刻刻需要決策。然而，大多數情況下，決策是一回事，而能不能做到就是另外一回事了。相較而言，做決策還不是特別困難，但是決策後不折不扣地執行就難了。因為在具體實施的過程中，會遇到許多意想不到的困難。而一旦遇到困難，雖然大多數的企業和員工都想努力克服，但是當困難要比想像中大得多的時候，不少企業或員工便選擇了放棄或逃避。然而，如果真的走到了這一步，當初的決策也就沒有任何意義了。所以，無論是企業還是職場員工都要有堅定的決策信念。

　　一間在海內外享有盛譽的大型跨國公司，當年起步時卻是一間名不見經傳的小公司，不要說在國際上沒有什麼名氣，即便是在國內也沒有多少人知道它。起初公司準備轉產電冰箱時，公司遇到了極大的困難：公司規模小、品牌還沒有樹立，而且產品的品質還不穩定。在這樣的情況下，企業拿什麼跟別人競爭呢？

　　總裁在認真分析了市場形勢和企業狀況後，做出了一個極為重要的決策：靠堅實的品質占領市場。然而，總裁心裡明白，決策容易，把這樣的決策信念深入到每一個員工的心裡，並落實到具體的行動中，那就是另外一回事了。於是總裁苦苦思索實施的具體方案，期望能把自己的決策信念傳遞到每一名職員

的心裡，並成為一種企業文化。

　　一天，在一次品質大檢查中，查出了 76 臺冰箱不合格。這本來並不是一件大不了的事件。任何一家企業都不敢保證他們的產品 100% 合格，有一些次品那是再正常不過的事情。處理類似問題的方法也很多，比如可以把這些冰箱按品質進行分級。品質問題不大的，可以降價推向市場；品質問題雖然大一點，但是還可以維修的，經公司維修後，保本賣給員工；那些實在無法維修的冰箱就銷毀。這在員工看來是再正常不過的事情，但是總裁卻不這樣看。他強烈意識到，員工的品質意識還遠遠沒有樹立起來。「零次品」還只是停留在口頭上的決策要求，還遠遠沒有成為一種企業文化。總裁強烈感覺到，必須採取非常手段才能解決這個根本性的問題。

　　經過慎重考慮後，總裁說：「我要是允許把這 76 臺冰箱賣了，就等於允許你們明天再生產 760 臺這樣的冰箱。」於是，他宣布，這些不合格的冰箱要全部砸掉。在哪一道工序上出現的問題，就由誰來砸。這是一個極為震撼人心的決策。有人不理解，有人極為贊同。儘管人們的看法很不一樣，但是都在砸冰箱那天，安靜地來到了砸冰箱的現場。

　　那天，總裁親自拿起大錘砸下了第一錘！隨後，在各個工序上出了問題的職員或幹部，也相繼拿起了大錘砸了下去。如果是悄然處理掉不合格的產品，也就罷了，但是親手毀掉只有一點問題的產品，員工的心裡很不是滋味。這哪裡是砸冰箱

啊，那一錘錘分明是砸在了全體幹部和員工心上。當時，許多人都流下了眼淚。很多媒體也對這一幕進行了詳實的報導。總裁親自砸冰箱的形象被無數次傳播後，公司重視品質的形象由此根植於消費者心中，也深入到全體幹部員工的內心，並漸漸成為一種重視品質的公司文化。

在這個案例中，總裁不僅做出了極為正確的決策，而更重要的是，他把這個決策信念透過砸冰箱事件傳遞給每一個幹部職員，而這才是最為關鍵的。公司正是憑著堅實的品質走向了全國，走出了國門成為一個世界品牌。

試想，如果總裁沒有把那些冰箱砸掉，而是賤價賣給員工的話，員工的心裡能產生這麼大的心靈震撼嗎？這樣的心靈震撼又豈是一般的語言所能表達的？這樣的震撼所產生的決策信念，又豈是一般的說教所能比擬的？總裁是一個聰明人，是一個善於決策，但是更是有堅定決策信心的人。這一個案例以及隨後跟進的大量措施，成就了公司。

其實，不僅是企業，任何職場員工都需要這樣的決策信念。每一個人走上職場之後，他或多或少都會遇到各種困難，如果面對困難就想退卻，那就無從談起什麼職場成就了。所以，對於任何一個人來講，都有一個決策信念的問題。其實，不但有決策信念的問題，事實上，一個人的職場決策信念的薄弱與否，將直接影響他的職場前景。

潘先生學的是市場行銷，他在一家大型電纜公司工作。他

對自己的職場定位是上班族，甚至預備進入公司的中高層。然而，他剛進公司時，公司根本就沒有看上他，只是讓他做一些雜事，根本就沒有什麼具體的工作。然而，他不氣餒。每天都早早地到公司，到經理那裡接受工作任務。而且只要接到工作，即便是再苦再累的事，他從不喊冤叫屈，而是盡心盡力地做好。而且，他只要完成了工作，便立即搶著幫別人忙，所以，不到半年，上到經理、下到普通員工都非常地喜歡他。

後來，銷售部有一名員工走了，潘先生抓住了這個絕好的機會，進入銷售部。進入銷售部後，他一面學習公司的相關業務，一面積極思考著如何做好公司銷售工作。後來，銷售經理看他很投入，便帶著他隨隊實習，在隔壁市常駐以便推銷。剛到外縣市時，他還感到一切都很新鮮。但是一個月工作下來，他才真切地感受到推銷不是一個簡單的工作。他雖然歷盡艱辛，但還是一無所獲，他一個定單都沒有簽下來。就在這時，銷售經理又找到他，對他說：「如果你覺得不適合做銷售的話，你現在可以回生產部門工作。這時候回頭，你還有機會留在本公司工作，但是你如果繼續堅持做銷售工作，我只能給你一個月時間。但是，我把話說在前面，如果你能在一個月內簽下定單，當然更好，但是如果還是沒有簽到一份定單的話，我也保不了你。你只好離開公司。你好好想想吧，去還是留。」

經理本來以為，潘先生一定會打道回府，因為如果繼續留下來，潘先生的職場風險實在太大了。經理本來想對他說，

並不是任何一個人都可以做行銷，即便你大學裡學的是行銷，也不一定適合你。不過，經理怕傷了他的自尊，也就沒有這樣說。其實，經理從心底裡還是十分喜歡這個年輕人，只是公司有公司的規定，他實在愛莫能助。

令經理沒有想到的是，潘先生對經理說：「我要留住這裡，我就不信了，別人能做起來的事情，為什麼我就做不起來？我一定要成功。」經理看他這麼認真，便再一次把利害關係告訴了他，讓他三思。潘先生說：「不用了，我已經決定了。時間一個月，如果我能順利簽下定單，我就留在公司繼續工作。如果我還是不能簽下定單的話，不用公司趕我走，我自己離開。」經理看他很堅定，便對他說：「如果你有信心的話，那你就試試吧。」

從那以後，潘先生便沒日沒夜地跑市場，他心中只有一個信念：我既然已經決定了，那就一定要做好。不管遇到多大的困難，我都要撐過去。因為他十分勤奮，別人做不了的事情，他嘗試著去做。別人不願意跑的公司，他只要覺得有希望，他就鍥而不捨地去嘗試。皇天不負有心人，二十多天後，他終於成功地簽下了平生第一份定單。從那以後，他的行銷工作便慢慢有了起色。再後來，他成了公司的行銷功臣，做了銷售部經理、公司銷售總經理。

在這個案例中，潘先生之所以最終取得了職場的成功，不僅是他有一個正確的決策 —— 留在原地再做一個月的行銷，還因為他有堅強的決策信念 —— 他一定要生存下去，他一定要

成為公司的上班族。想想，如果他沒有堅強的決策信念，如果他遇到困難就退縮，即便是他能夠做出正確的決策又能怎麼樣呢？還不是一樣不能繼續留在公司嗎？那麼，他的職場夢想不也就隨著他信念的喪失，而使一切化為烏有了呢？很顯然，潘先生的決策信念成就了他。

　　回到開始的話題來，無論是企業，還是員工，做出一個決策並不是一個多麼艱難的事情，但是能不能執行下去，這就看企業或是員工的決策信念了。如果決策的信念很強，那麼一切都有可能。反之，如果沒有基礎的決策信念，那麼再好的決策，也只不過是擺設而已。

第六章
競爭力 —— 砌磚，還是蓋大廈

　　職場員工都想讓自己有一個美好的未來，都想成就一番事業，但是光有想法是遠遠不夠的，還要不斷鍛造自己的競爭力，這樣才能讓自己一步一步地走出來。換句話說，職場中不要整天想著蓋一座了不起的「大廈」，而應該常常想著如何腳踏實地地去「砌磚」。也只有砌好了眼前一塊塊的「磚」，使自己有了堅實的職場基礎後，未來的職場「大廈」才能慢慢地矗立起來。

　　那麼，什麼是競爭力呢？

　　職場競爭力是指員工在職場中表現出來的不同一般的綜合能力，它是要在比較中才突顯出來的綜合能力，因此這是一個動態概念。籠統地說競爭力有大有小，或強或弱，都不是太好說的。從科學上不太好給這個概念下一個嚴格意義上的定義，不過，卻絲毫不妨礙人們從常識意義上理解、掌握這個概念。

　　所謂競爭力，說白了，就是相比較而言不同於別的員工的特殊素養、特殊能力。或者也可以更簡單地表述為：人無我有，人有我優，這便是競爭力。

　　那麼怎樣才能保持自己的競爭力呢？說來也簡單：勤奮、好奇，永遠有危機意識，做一個時刻準備著人，這樣你便有了職場競爭力。

◆什麼決定你的職場競爭力

不少人以為在大學裡好好地學習，取得了優良的成績，這樣畢業後走上社會進入職場才會有競爭力。然而，大多數的情況下，這只是人們的一個善良的願望罷了。不是大學裡學的東西沒有用，而是因為大學教育存在著許多問題。其中，最重要的問題便是教育的嚴重滯後性。在大學裡所學的理論和經驗，往往是已經在社會上過時的東西。對於這樣的理論和經驗，不是說完全不要了解，但是至少不能把它當作唯一正確的知識來全盤接受。

所以，在大學裡不是不要學習，而是要有選擇性的學習，要緊跟市場去學習。而且，更重要的是心中要明白大學、研究所畢業後，你只是為你的職場做了最基本的準備，事實上，你走上職場後，還有許多的東西要好好學習。比如你所在的公司的文化、管理、產品、市場、人事等等。如果你沒有盡快從大學的文化氛圍中走出來，沒有盡快地熟悉、學習你所在公司的文化，你很難在職場中擁有實際的競爭力。即便是你的學業成績再優秀，即便是你曾經取得了再多的榮譽，你都很難被公司認可。換句話講，你的過去並不代表你現實的職場競爭力。

有間食品公司，從某大學招聘一批行銷專業的學生。這一批員工是公司精心所挑選，從行銷理論到外語水準，再到交流溝通等方面，公司進行了全方位的測試，應該來說這一批新的

員工很有發展潛力的。幾年後，公司對這一批錄取的員工進行了追蹤調查，調查的結果卻讓人吃驚。

因為他們都是行銷專業的學生，招到公司後，也都把他們放到了行銷職位上。剛剛起步時，他們的職位是一樣的，薪水是一樣的。然而，幾年後，他們的職場成就卻大不一樣。那些在大學裡成績非常好，而且很為學校和同學看中的大學生，他們到公司後，雖然自我感覺非常良好，但是幾年後，他們的境況大多不盡人意。有的，因為學校和公司的反差太大，而始終無法適應，最終離開了公司；有的一直沒有從高高在上的優越感和現實的窘迫中走出來，自怨自艾，一直沒有多大的成就，甚至還有好幾個人還在做著剛開始進入公司時普通的推銷員工作。而在學校裡成績不是很優秀，但是活潑好學、十分勤勞的幾名員工，本來他們並不看好，但是他們進入職場後，包袱最小，一切從零開始，所以，他們最早進入到職場角色。他們中的一些人後來的職場生涯比較順利。有的行銷業績比較好，賺了不少錢。有的，不但會行銷還善於管理，所以，後來成了行銷經理，甚至還有的竟然成了大區行銷總監。

而其中最為發人深省的是當初大學向公司極力推薦的一名優秀畢業生，他的狀況最差。他不但沒有在這家公司做下去，他到了其他公司後，也是一路坎坷，一直跌跌撞撞，他的職場始終沒有多大的起色。

萬般無奈的情況下，他找到相關的職場專家去諮詢。因為

他百思不得其解，為什麼他沒有成功。說實話，他的確很優秀，即便是現在看起來，他還是那麼優秀，但是公司就是不需要這樣的人。他當然心裡感到十分的困惑。他問自己，問別人最多的問題是：我畢業時成績最好，我有研究生的學歷，我有各種證書，別人有的我有，別人沒有的我也有，可是為什麼上司不青睞我，不器重我呢？

看得出來，他仍然沉浸在過去的「輝煌」中，他沒有從大學情結中走出來。他不明白到什麼山就應該唱什麼歌，玩什麼遊戲就應該遵守什麼規則的道理。他已經從學校畢業了，他的學生生涯已經結束了。他在學校裡的成績再好，也只是公司考察員工的一個基本參考因素。想要在職場上有所成就，就要把過去忘記，一切從零開始。從嚴格意義上來講，從大學畢業只能表示學生時代的學習生涯結束了，而進入職場後，員工時代的學習生涯才真正開始。而且，這樣的學習生涯是一輩子，永遠沒有畢業的時候。公司看中的，不是紙面上的成績，而是你在公司裡創造的業績。而業績從哪裡來呢？從你把自己融入到公司的文化中，從你放下身來，從虛心學習中來，從你在職場中不斷歷練中來，從你把大學裡所學的知識能力轉化為職場工作能力中來。一句話，誰的學習力強，誰能為公司創造的價值高，誰的職場競爭力就強。因此，從這個角度上講，職場學習力決定一個人的職場競爭力。

小燕在大學裡學的是歷史學，讀碩士時，她的研究方向是

西漢文化研究。本來，她打算研究所畢業後，到一家科研單位繼續做專業研究，或是到大學裡教授歷史學，最次也到高中裡教歷史。但是，職場不是按她的意願設計的。她都努力過，但是不是因為人家要求的學歷更高，便是覺得她的專業太冷門，所以她一直沒有找到合適的職位。為了生存，她不得不放棄對專業的要求，只要找到一個公司能養活自己就行。後來，一家大型房地產公司看中了她一手秀麗的字和她流暢的文筆，聘僱她做總經理祕書。

　　經歷了這一場求職的艱難，她明白了自己的職場競爭力實在是太弱了。如果在現有的職位上沒有做好，被公司炒魷魚的話，她真不知道該到什麼地方去找工作了，因此她十分珍惜這來之不易的工作機會。她是一個十分細心的人，走上職場後，她很快發現，如果僅僅做一個收收傳真，整理資料的普通祕書，雖然也符合職位需求，但是她總覺得這樣下去，她的職場之路不會太寬。於是，她便有意地尋找機會，時刻準備著。她雖然做的是祕書的工作，但是她也很留心樓房設計、公司行銷等方面的事情。晚上回來，不管多晚她都要學習相關方面的知識。不僅如此，只要有時間她都要請教公司裡的一些有經驗的專家。

　　一天，公司的事情很忙。總經理一直忙到很晚還沒有回去。身為她的祕書，她本能地覺得她也不能立即回去，所以，她也一直在總經理辦公室外一邊準備著明天的工作，一邊等候

著總經理，以便隨時為總經理提供祕書服務。此時的總經理正為一個新的樓房設計煩惱。原來，總經理覺得這個樓房設計雖然精美，但是他總覺得有什麼地方不對勁，但一時又看不出來，所以，他便在房間裡不停地踱步，還不時地自言自語。小燕認為總經理需要幫忙，便推門進來問總經理。總經理非常驚訝，他以為公司已經沒有別人，想不到，他的祕書還一直守在自己的位置。他非常感動。不過，這種感動，他在喉嚨裡滾動了一下，並沒有立即說出來。

總經理說：「妳過來幫我看看，這個設計圖紙看起來很好，但是我總覺得哪裡不對勁。」

小燕走過來認真地看了起來，這時候她平時所學派上了用處。她略加思考後找到了問題所在，她說：「總經理，我不知道說的對不對。我們這一次開發的城市，這裡的業主不太喜歡公共停車場，他們大多需要獨立的小車庫。而且這裡的陽臺是不封閉的，因為這樣可以更多地跟大自然親近。但是我做過市場調查，這裡的業主大多喜歡封閉式陽臺。」

總經理認真聽了小燕分析，認為她說得很有道理。他一直覺得圖紙有問題，但是一直沒有從開發地點這個角度來考慮問題。他很驚訝地看著她說：「妳不是學歷史嗎？怎麼對房產設計也有研究啊？」

從此以後，總經理很是關注小燕。不多久，小燕調到了行銷部工作，再後來，她做了行銷部的經理。

　　小燕大學畢業時，她的職場競爭力很弱。因為市場上對於歷史學的員工需求量比較少，她一時難以找到對口的工作也是必然。但難能可貴的是，她充分了解到了自己的弱點。一旦有機會進入職場，便立即再次學習，她學的是職場上最為需要的東西。不僅僅是專業知識，她還學習公司文化、管理等方面的知識。因此，她很快地便適應了職場，而且在職場上取得了不菲的成績。

　　因此，對於一個職場新人來講，大學裡所學的不是沒有用，實際上，無論是大學裡學到的知識還是在大學裡鍛鍊的思維能力，在現代職場中都是有用的。只不過，不能拿來就用，而要學會把以前所學的轉化為職場中用得著的競爭力。而且，進入職場後，仍舊要好好學習。學習公司的文化、管理、人事、專業技能等等。事實上，只有不停地學習下去，你才不會被日益發展的職場所淘汰。

　　因此，從這個角度上講，職場學習力的大小決定了一個人的職場競爭力的大小。

◆ 一步步實現職業夢想

　　每一個走上職場的人都希望自己的職場生涯順利而且輝煌，然而，職場裡卻充滿競爭，不是每一個人心裡只要想著有

所成就，就可以有所成就的。事實上，任何人都不可能一步登天，他必須從最基層做起，腳踏實地奮鬥，一步步地實現自己的職業夢想。

美國賓夕法尼亞有一個美麗的小山村，那裡有一名馬夫名叫查理‧施瓦布。他們家非常貧窮，對於他來說，不要說有什麼職業追求了，就連日常生活都很困難。小時候查理‧施瓦布並沒有念過多少書，便輟學在家幫忙父母。就這樣在貧窮中，他長到了 15 歲。一個偶然的機會，他找到了一份工作 —— 馬夫。

這是一份很累的工作，不要說是一個 15 歲的孩子，即便是對於一個成年人來講，馬夫的工作也不是很輕鬆。然而，查理‧施瓦布卻沒有叫苦叫累，他努力地工作著。事實上，生活對於他來說，是沒有任何選擇的餘地。他能保住這份工作已經是很不錯了。所以，他很盡心地工作。

這份對工作的用心使得他職場生涯得到了最初也是最為重要的鍛鍊。他始終堅持著，兩年後，他又得了一個機會 —— 找到了一份每週只有 2.5 美元報酬的工作。是的，每週只有 2.5 美元，這個報酬實在是太低了，按理說，他完全可以放棄這個工作，再去尋找更好的工作。然而，查理‧施瓦布卻不這樣看。他覺得每週 2.5 美元的報酬雖然是低了一些，但是他覺得這是一個機會，他不能放棄，至少他找到的這份工作要比馬夫有著更大的發展空間。換句話說，查理‧施瓦布看中的不是這份工作的薪水，而是這份工作的未來發展空間。於是，他便踏踏實實地做

起了這份工作。

正如他所想的那樣，他找到這份工作以後，接觸到了更多的人和事，學到了更多東西，當然，也使得他擁有了更多的機會。對於查理・施瓦布來講，這是他的職場生涯中一個舉足輕重的腳印。事實上，也正是他到了這個職位，才使得他不久後，得以有機會在一個工程師的聘請下，進入了卡內基鋼鐵公司當了一名工人。這是查理・施瓦布職場生涯的又一個十分重要的里程碑，雖然這一份工作每週的報酬也只有 7 美元。然而，相比以前，對於查理・施瓦布來說，他已經感到很滿足了。

到了卡內基鋼鐵公司後，他立即意識到這一份工作對於他的重要意義，於是，這個從來不知道困難的年輕人，從來不講條件，總是非常賣力地工作。漸漸地，他的工作得到了上司的認可，他也從一名普通的工人慢慢升到了技師，後來，他竟然升為總工程師。

後來的事情便順利了許多，在查理・施瓦布 25 歲時，他成了一家房屋建築公司的總經理。再後來，39 歲時，他了成為全美鋼鐵公司的總經理，之後，他又成了伯利恆鋼鐵公司的總經理。

在這個案例中，查理・施瓦布本來出身在一個十分貧寒的家庭，連溫飽都成問題。儘管如此，他還是一刻都沒有放棄自己的職業夢想。他看起來並多大的職業抱負，只是努力抓住手邊的機會，做好手邊的工作，正是這種默默無聞，一步一腳印地

努力，才使得他從一個名不見經傳的無名小卒成長為舉世矚目的伯利恆鋼鐵公司的總經理。他之所以能取得這樣大的成就，實在是一步步奮鬥得來的。

所以，他的案例告訴人們，一個人如果想獲得職場的成功，就要一步一個腳印地努力。不要剛走進職場時，就為自己設定多大的職場夢想，而要給自己設立一個透過努力可以到達的職場夢想，等自己完成了一個小小的職場夢想後，再設立一個更高的夢想，這樣一步步地便會慢慢實現自己最終的職場夢想了。

◆ 敬業才能樂業

要取得職場成功，首先必須敬業。一份職業對於員工而言，如果只是一種謀生的手段，他是不會珍惜的，當然，也就談不上敬業了。再進一步說，如果員工都不知道敬業，又談什麼樂業呢？如果都不樂業，他又如何全身心地投入到工作中去呢？一個沒有把自己的心思都用到工作中去的人，不用猜便能知道他是不可能有什麼職場成就的。

一位超市的經理，到分部去視察工作。他發現一位員工對待工作很不盡責，便把他找來談話。

經理說：「顧客是我們的上帝，我想你應該是明白這個道理

的。我們應該盡量為顧客著想，不是嗎？可是你看看你今天的工作態度？」本以來，這名員工會為自己的工作態度道歉，但是讓經理萬萬沒有想到的是，這位員工卻理直氣壯地說：「我今天心情不好。再說了，我為顧客著想，誰我著想啊？」

經理氣得不行，便把他的主管找來。主管連忙道歉，說是他的工作沒有做好，影響了公司的形象，並說一定好好教育這名員工。這件事情，便這麼過去了。過了幾天，他又來視察工作時，經理看到這名員工竟然在上班期間躲到一邊跟別人閒聊去了。經理看到後，十分氣憤。把他找到辦公室對他說；「這間超市是服務業，如果沒有了顧客，我們公司便難以生存。你既然到我們公司來工作，就應該知道你的責任就是為顧客服務。我一而再，再而三地給你機會，沒想到你還是不負責任。難道你不知道，對公司不負責任，便是對自己不負責任嗎？對不起，你被解僱了。臨走送你一句話：今天工作不努力，明天努力找工作。」

這個案例中的那位不負責任的員工被公司解僱是必然的，其實，如果他不改進自己的工作態度，不管他到什麼公司，在什麼職位上工作，他都不可能長久地工作下去的。因為他不敬業，他不懂得無論做任何一件事情都是要負責任的。一個人如果沒有了責任感，也就談不上什麼敬業。如果都不敬業了，當然更無從談起什麼職場成功了。所以，對工作的盡責是敬業最為重要的象徵。

　　100 多年前，美西戰爭即將爆發。那是一場注定會十分殘酷的戰爭，能不能取勝就要看戰爭的主動權在哪一方了。如果能夠爭取到戰爭主動權，戰爭還有一定的勝算。美國總統威廉·麥金利在認真研究了戰爭狀況後，決定派一個人為古巴的加西亞將軍送信。軍事情報局向總統推薦了安德魯·羅文。誰都知道這是一份十分艱巨的任務，然而，羅文在接到總統交給他的送信任務時，一絲一毫都沒有猶豫，便立即執行。要說他一點也不害怕，那是謊話，但是他的心中懷有一種對國家的無比忠誠和無私的敬業精神，所以，他不但立即執行命令，還克服了常人難以克服的種種困難，九死一生，終於在預定的時間內完成了送信任務，從而為美國在這一場戰爭中爭取到戰爭主動權，立下汗馬功勞。

　　羅文的成功很發人深省，其實戰場和職場何其相像。在職場中一個敬業的人，和一個不敬業的人，他們即便做同樣的工作，若干年後，他們的職場生涯也一定是不一樣的。雖然，我們應當承認人與人還是有差別的，有的人的確十分優秀，做什麼事情都幾乎不需要付出太多，便能做得很好；而有的人儘管付出了許多，可還是做得不盡人意。這的確是事實，卻不能成為一個人在職場沒有取得實質性進展的根本原因。事實上，即便是一個資質再平庸的人，只要有了敬業精神，他一樣可以做到很優秀。敬業意味著忘我。試想，如果一個人對於一份職業到了忘我的程度，即便是他能力再差一些，他也可以做得比以

前要好許多。進一步說，如果一個人敬業，無論再怎麼樣，他的職場生涯都會發生積極性變化。

在一個建築工地上，有三個很是平常的磚瓦工在砌一堵牆。就這時候，有一個人過來問他們說：「你們在做什麼？」

第一人，沒好氣地回答道：「你沒看見嗎？我正在砌牆。」

第二人，抬頭笑了笑說：「我們在蓋棟高樓。」

而第三個人，卻一邊工作，一邊哼著歌曲。他笑得很燦爛，說：「我們正在建設一個美麗的城市。」

三個人的工作一樣，三個人的勞動強度也是一樣的，看起來，這三個人的職場未來並沒有什麼特別的區別。然而，令人想不到的是，十年後，第一個人還在做著砌牆的工作，第二個人已經坐在辦公室裡畫圖紙了，他成了工程師 —— 而第三個人，卻成了前兩個人的老闆。

這則故事中的三名磚瓦工，當初的職場狀況是多麼的相像，然而，十年後，為什麼他們的職場發生這麼大的變化呢？他們當初也想把自己的工作做好，但是問題就出在每個人對待職業的態度不一樣，和對待職業的情感不一樣。第一個人，雖然人在工作著，但是很明顯他工作得不情不願，從這個角度來講，他不是一個敬業的人；第二個人，顯然心情要好了許多，甚至還看到了自己的工作的意義 —— 他比第一人要敬業了許多；而第三個人就明顯不同了，他情緒很好，因為他不覺得自己是一名普通的工人，而是一名建築師、設計師，他不是在砌

牆，而是在建設一個美麗的城市。也就是說，他完全沒有把自己的工作當作普通的工作，而是更看成了一個成就人生意義的大事業。他已經從敬業跨入到樂業的境界。

因此，一個人若想要取得職場成功，就要敬業。其實，也只有敬業了，他才能從工作中感受到快樂。而一個人也只有感受到工作快樂了，他才能從敬業走向更高層次的樂業，從而為自己未來的職場成功打下堅實的基礎。

◆ 突出自己，脫穎而出

初入職場，不少員工感到十分鬱悶。他們常常被安排在一個不起眼的部門，看起來天天到公司上班，可實際上只不過是在公司打打雜、跑跑腿而已。日常工作幾乎跟自己的所學一點關係都沒有，自己所看的職場前景跟自己的職場夢想幾乎是風牛馬不相及。得不到指導和提攜就不說了，還要無可奈何地待在「陰暗」的角落裡自生自滅，甚至還要常常面對毫無來由的批評、指責，代人受過也是常有的事。

這一段黑暗的經歷，不少初入職場的新人都體會過。那麼，如何才能避免呢？如何才能讓自己初入職場就能駛入「康莊大道」呢？這樣的想法沒錯，這樣的心情也可以理解，但是現實生活中這一段不公平的待遇和不被重視的痛苦經歷，其實是

難以避開的。除非你有不平凡的背景，否則如果是一個平凡的職場新人，所能做的便是如何從黑暗中突出自己，盡快地脫穎而出。

小強從大學畢業後，十分幸運地進入了一家著名釀酒企業，而且還十分意外地被分到了全公司最好的部門 —— 大客戶行銷部。如此漂亮的職場亮相，讓他的同學們羨慕死了，親戚朋友也都為他感到驕傲自豪。

然而，令人想不到的是，不久後，便遇到了席捲全球的金融危機。市場發生了急劇變化，公司的生存空間被嚴擠壓。為了生存下去，公司不得不轉變策略。公司決定拓寬市場，既要抓住大的客戶，也要抓住小客戶，要把全市所有的小超市、小雜貨店、小菸酒店乃至小餐廳，都作為公司的公關對象，為此還特意成立了一個新部門 —— 小客戶行銷部。

從公司的角度看，這個策略實在是無可厚非。在當時的情況下大客戶的需求迅速下降，公司總不能坐以待斃。去拓展市場，爭取小的客戶，是必然的選擇。儘管小客戶的需求很低，但是終究還是有一些需求的。再說了如果能把全市的 30% 的小客戶爭取過來的話，那也可以銷售不少的酒。對於公司來講，這無異於雪中送炭，至少能幫助公司度過難關。

然而，從員工的角度看，就不是那麼回事了。因為大家都做慣了大生意，誰也不願意做那種一次只能推銷出幾瓶酒的小生意。因此，公司「元老」級的員工都不願意去小客戶行銷部工

作。最後，實在沒有辦法，老闆只好從各個部門抽取一些年輕而且沒有任何背景的人進入小客戶行銷部。小強這麼年輕，又才剛加入到工作中，當然會被「看中」了。在小客戶行銷部成立的大會上，上到公司的未來、下到員工的職場發展，老闆講得是天花亂墜，甚至還信誓旦旦地說，這一次小客戶行銷部的成立，主要是把「把最有潛力的人放在最能鍛鍊人的職位」上，以便將來能承擔起更重要的工作。看起來，這是一份很有前途的工作，但是實際上誰都認為那不過是老闆說說而已。而小客戶行銷部的員工們個個年輕氣盛，哪裡聽得進這樣安慰的話。雖然他們表面上都在努力地工作，可心裡卻很沮喪。

果然，過了不久，有不少人離開了小客戶行銷部。一些人因為看不到職場的前景，有的跳槽了，有的找人託關係調到了其他部門。半年後，這個新成立的小客戶行銷部的「老人」，就所剩無幾。當然，小強還在。

然而，小強不是沒有能力跳槽，也不是沒能動用關係讓自己調到別的部門，而是因為他相信了老闆的話，認為老闆說得沒錯，並沒有欺騙他們。看起來，他的工作的確沒有大客戶行銷部那麼風光，而且業績也不是那麼顯著，但是在小客戶行銷部顯然有更多鍛鍊的機會。小強認為自己的工作時間比較寬裕，可以自由安排自己的工作。而且，一個人獨自在外面工作，完全可以按照自己的工作思路展開，這能極好地鍛鍊他獨立面對市場的能力。再說了，他們小客戶部的工作對於公司來

講，的確十分地重要，任何一點點成績公司都會看在眼裡。這是他以前在大客戶行銷部打雜跑腿所完全不能比擬的。

很顯然，小強找到了一個突出自己、脫穎而出的絕好的機會——一個別人看來不起眼的，但是實際上卻是一個十分難得的機會。於是，小強非常努力地工作。在他的帶領下，小客戶行銷部終於取得了不菲的業績。而小強也因為在危難之間幫助公司度過了難關，很快被任命為小客戶部行銷部經理，再後來，他順利地進入了公司中層。

在這個案例中，小強初入職場時看起來十分不錯——其實也就是一個打雜的，但是緊接著進入了「黑暗」的職場初潮。然而，小強沒有沉淪下去，沒有選擇逃避，而是迎難而上。他看到了別人看不到的職場前景，看到了別人看不到職場希望，於是他成功了。也就是說，他找到了職場的突破點，很快便脫穎而出了。因此，一個初入職場的人，不要以為暫時的困難，便是一道難以逾越的鴻溝，其實換個角度來看，也許正是這些困難，才使得自己有機會脫穎而出。因此，初入職場的人，對於自己的處境不要過於悲觀，要有一個正確的心態，這樣不但有利於做好工作，也有利於自己未來的職場發展。

正確地面對困難，有一個正確的心態自然是十分重要的。如果在此基礎上，再主動尋找機會，抓住已經到手邊的機會，那就更容易使自己脫穎而出了。

小鳳大學畢業後，費了九牛二虎之力，她才在一家大型電

機公司找到了宣傳部實習生的工作機會。所謂實習生，實際上就是試用工。做得好留下，做不好走人。這個部門一共四個人，一位是部長，兩位是員工——她的學姐，小鳳當然只能成為一位打雜實習生了。

因為工作機會十分難得，所以小鳳每天早上很早便來到了辦公室。每天都是把辦公桌都擦乾淨了，地板拖過了，他們才陸續來上班。至於每天的工作，無非是寫板書，擦櫥窗等。有時，還得和辦公室裡的員工一起去買東西。至於究竟應該買什麼，什麼樣的款式比較好，什麼樣的貨物品質比較高，小鳳是沒有發言權的，她只不過是搬運工罷了。雖然，小鳳在宣傳部的工作最辛苦，但是待遇卻很低，三節禮品也只有別人的一半不到。即便後來轉正，小鳳的待遇也沒有明顯提高，三節禮品依然比別人少。所以，有一段時間小鳳的心理很不平衡，甚至不想做了。

一次，小鳳實在受不了，便跟一位在人力資源部的大姐去喝酒。小鳳把自己內心的苦悶都說了出來，她覺得她在這家公司工做得很不開心，她覺得自己沒有什麼出頭之日。她還說，雖然工作十分難得，但是她還是想離開公司。大姐便勸她說：「當年，我也是跟妳一樣，面臨著看不到頭的職場黑暗——整天在公司裡打雜。我覺得自己的人生就要完了。就在我要離開這家公司的時候，我的朋友告訴我說：妳可別小看打雜，實際上那是在為妳自己鋪路呢，任何工作都不會白做的。朋友的

話，我聽進去了，從此，我踏踏實實地在公司打雜，最後走到了今天。現在，我把這句話送給妳，希望妳能堅持下去，妳會取得職場成功的。」

小鳳覺得大姐的話很有道理，便打消了離開公司的念頭，一門心思地投入到工作中。過了大約一個月，公司要參加一個十分重要的展覽。公司十分重視這次展覽，於是，要求設計出精美的展板。小鳳所在工作單位是宣傳部，所以，總公司理所當然地把任務交給了小鳳的部門。

可是，兩位員工 —— 小鳳的前輩覺得，這雖然是宣傳部的事情，但是她們畢竟不是專業人員，做不出來好的方案。即便勉強做出來，也不會到達總公司的要求，還不如不做。所以，兩位學姐強烈要求找專業的廣告公司來做這個方案。可是總公司不同意他們的請求，兩位學姐又拒絕領受任務，部長沒有辦法，只好找來小鳳，請她完成設計。

這對於小鳳來說，是一個極好的機會。她全面搜集資料，還走街串巷，看商場櫥窗，琢磨街頭廣告，幾天之後，她終於製作出小樣。到總公司審稿時，處長只看了一眼就「槍斃」了。小鳳沒有氣餒，她把方案拿回來，請她的朋友 —— 一個專業美工幫忙修改。再次審稿時，處長對她說：「這一次的設計大有進步，不過色彩還有點問題。」於是，小鳳又拿回去修改，就這樣一連修改了八、九次，才通過總公司的審稿。展覽如期召開了，公司的展板獲得了顧客的一致好評。從此，小鳳也就正式

結束了她初入職場的「黑暗」生活。又過了一段時間，小鳳慢慢當上了宣傳部的副部長。

後來，當小鳳回憶自己的職場生涯時，她非常感謝當年一段打雜的經歷。正是那看起來不起眼的打雜工作，磨練了她的意志，鍛鍊了她八面玲瓏地應付雜事的扎實功夫，更鍛造了她穩定的心理素養。這為她後來的職場發展奠定了堅實的基礎。更重要的是，她明白了初入職場時，看起來沒有什麼機會，其實，機會就在自己的手邊。看起來，沒有希望的時候，事實上，卻是上司和同事在觀察你的時候。觀察你在困難的境況下，你的工作耐力，心理承受能力，和工作能力的進展情況。如果這時候，你退卻了，那麼你也就失去了成就自己的機會。但是，如果你認為這是一段成就自己的過程中，必然要經歷的考驗，你就會踏踏實實地工作，努力鍛鍊自己各方面的能力，努力尋找自己的突破口。一旦有機會，你就能抓住機會絕不輕言放手，才可能從平凡中突出自己，從沒有希望的職場中脫穎而出。

所以，對於一個初入職場的人來講，不要看不到希望，也不要被眼前的困難嚇倒。其實，一切都是暫時的，而且這一切的困難和磨練都是在打磨你自己。如果你能有一個正確的心態，且能抓住機會好好努力的話，脫穎而出，不是一個遙不可及的夢。

◆培養職場核心競爭力

職場新人要有競爭力，這樣才能更好地生存與發展，這已是人所共知的事情。因此，許多剛剛步入職場的員工都十分重視競爭力的培養，這是好事。不過，令人遺憾的是，人們對自己的職場核心競爭力的培養，還是沒有引起足夠的重視。

通用性的競爭力當然十分重要，它是職場新人能夠成為一個合格員工的重要象徵。但是，如果僅僅如此，他是很難在職場中走得更遠的。這是因為沒有擁有核心競爭力，就無法在公司擁有別人不可逾越的高度。所以，一個行走在職場中的新人，要時時注意培養自己的核心競爭力。

幾年前，阿祥還在一家國營企業工作。經過幾年的打拚，他升到了部門經理。後來因為經營不善，企業被別的公司兼併了。新的公司，把許多員工當成了包袱甩掉了。阿祥本以為，自己已經是部門經理了，這幾年的打拚，怎麼說他也有職場競爭力，所以，他覺得自己能安然度過此次危機。但是，事實很殘酷，他也離開公司了。倒不是新的公司不要他，而是他發現沒有一個職位適合自己，他只能選擇主動離開。離開公司後，他才真正發現，他原來所謂的打拚，其實就是鑽營了一些社會關係的小伎倆而已。在大學裡所學的東西，早已經還給了老師，還給了學校。等他辭職後，他才發現自己已經嚴重地與社會脫節。看起來，他這幾年也在打拚，而且還小有成績。然

而，事實上，這幾年耗盡了他僅有的一點競爭力。他把所有的心思都用到了鑽營關係上，所以，等到他去找工作時，才發現他根本就沒有什麼競爭力。他若想再次應徵經理職位那幾乎是不可能的。

於是，阿祥下定決心從零開始。他應徵到了一家公司，做月薪只有兩萬六的技術員。此時的他已經不是很在意他的薪水了，他在意的是如何在這個職位上學到東西。因此阿祥非常刻苦地學習，拚命地工作著。結合在大學裡所學，和工作中的實際經驗，阿祥終於慢慢形成了自己的第一個職場核心競爭力 —— 機械研發工程技術。後來，隨著阿祥的努力，他慢慢走上了主管的位置。在新的職位上，他不再像在國營企業那樣挖空心思去經營關係，而是努力學習。於是不久後，他又擁有了另外一項職場核心競爭力 —— 現代企業生產管理。再後來，可以想見，阿祥的職場之路會越走越寬的。

在上面的這個案例中，阿祥剛入職場時，雖然也是很努力，但是他在努力方向錯了。後來，獨自走上職場時，他才發現他失去了職場競爭力，更不用說什麼核心競爭力。於是，他一切從頭開始。還好，他再次起步時沒有太晚，所以，他後來的職場之路並不是太艱難。但是，如果他一直沒有意識到自己沒有職場核心競爭力，那他的職場之路就會狹窄得多。因此身為職場員工，不但要有通用性的職場競爭力，還要有職場核心競爭力。

　　緒小姐大學畢業後，找到了一份大型家電企業的工作。她在大學裡學的是外語，經過三年的打拚，她竟然從基層一步步升任到了產品開發部的副經理。一般來說，她的職場道路走得還算順利。而且，公司的老闆也十分重視她。看起來，她的職場前途十分光明，但合同即將到期的她，卻感到十分的迷茫。她不知道她應該繼續留在公司，還是再去尋找一個自己認為合適的職位去發展。

　　這是讓人百思不得其解的事情，因為在一般人看來，她擁有令人羨慕的職位，擁有光明的職場前景，再怎麼說，她都不應該放棄自己目前所擁有的一切。然而，緒小姐卻不這麼看。這到底是怎麼回事呢？

　　後來，還是緒小姐本人解開了這個謎團。她說：自從大學畢業後，她便來到了這家公司。她的勤奮、她的盡職，獲得了同事和上司的好評，於是不到三年，她便步入公司的中層。然而，接下來，她卻發覺不知道該往什麼方向發展了。因為她驚訝地發現，雖然三年來她很努力地工作著，然而，卻始終缺乏職員所應該具備的最基本的發展屬性 —— 職場核心競爭力。

　　她雖然擔任副經理的職務，然而，她在大學裡學的是外語，她除了英語非常好，還懂得一點德語，會做單據，懂國際採購。除此之外，專業性技能她什麼都不會。她雖然身居產品開發部的副經理要職，但是她卻缺乏基礎的開發能力與管理能力。而且更要命的是，這三年來，她雖然一直在努力工作著，

但是她卻從來沒有下過產業線，對工程技術一竅不通。也就是說，她是一個工程技術的文盲。她所在企業畢竟是一家大型家電企業，沒有對工程技術的認知，她是無法展開工作的，更何況她還擔任著開發部經理的要職。

公司很器重她，如果她繼續留下來工作，公司是一定會給她更多的機會，但是她卻覺得自己無法勝任目前的工作。目前職位上的光環，的確光彩照人，但是如果被目前的霞光完全掩蓋的話，她覺得她以後的職場之路是不會順利的。因為事實上，她的所學和她的核心競爭力的缺乏使得她難以繼續發展下去。所以，她想離開。

在經過痛苦地抉擇後，她終於離開了公司，應徵到另一家更適合自己的大型外企的歐洲行銷部工作。後來的職場發展印證了緒小姐當年的決策是正確的。果然，她到了新的公司後，雖然起薪低了不少，但是她能將大學所學應用於職場上。她的語言優勢和她的市場工作經驗，都在新的工作上發揮了巨大的作用。於是，很快她便從職場中脫穎而出，取得了更大的職場成就 ── 不到兩年便當上行銷部經理。

這個案例中，緒小姐當年在抉擇是不是離開家電企業時，之所以艱難，是因為一時的職場輝煌讓自己猶豫了。誰都知道如果離開了這家家電企業，那就會把三年來辛辛苦苦開創的職場事業徹底放棄，一切從零開始。這實在是太可惜了。按照一般人的看法，先把眼前的抓住才是。但是緒小姐最終還是放棄

了，因為暫時的一切並不能代表永遠，公司給予你的安排也不一定是合適的。緒小姐明白，如果自己沒有核心競爭力，再好的職場機會她都很難真正地抓住的。因為事實上，她已經感到在開發部無法繼續工作下去了。所以，只能放棄眼前所獲得的一切。

綜上所述，對於一個員工來講，職場核心競爭力是非常重要的。一般來說，一個人的職場核心競爭力大都形成於30歲以前。30歲是職場的極為重要的分水領。如果能30歲以前形成了職場核心競爭力，他便能進一步向上發展；如果沒有在30歲以前形成自己的核心競爭力，他就只能在基層一路跌打滾爬了。

因此，一個員工如果想要在職場中擁有一席之地，不僅要有獲得職場核心競爭力的意願，有的時候，還要有放棄既得利益的決心，一心一意地培養自己的核心競爭力，長久以往，才有可能讓自己在職場中真正走向成功。

第七章
交際力 —— 揭開人際關係的面紗

不少人走上職場後，發現自己的能力並不差，卻生活得並不順暢，而且看不到職場的希望；而有些人看起來能力並不比自己強到哪裡去，卻生活得很滋潤，而且職場也十分順利。這其中的原因固然很多，但是交際力的強弱是其中一個十分重要的原因。

那麼什麼是職場交際力呢？

職場交際力是指妥善地處理好職場內外關係的能力。職場交際力包括三方面：與周圍環境建立廣泛聯繫的能力；對外界資訊的吸收、轉化的能力；正確處理上下左右關係的能力。簡單地說，職場交際力就是一個人在職場中和周圍的人打好關係，並和睦快樂地生活的能力。

◆ 人脈是成功的第一要素

時代發展到今天，不論是專門從事專業研究的研究員，還是職場中的員工，如果沒有人脈關係，沒有人脈競爭力，你很難取得事業上的巨大成就。現代社會是一個多元的社會，一個人在一個專業裡再怎麼埋頭苦幹都很難有大的作為。所以，要重視人脈關係。因為這是職場成功的第一要素。有人說，現代社會是一個很物質的社會，沒有錢什麼事情都做不好。其實，不是這樣的。如果你細心觀察周圍，你便會發

現，好多的時候，即便是有錢，也不一定能把事情做好。相反，如果有人脈的話，錢少一點，甚至沒有錢，也能把事情做好。這是因為不是你一個人在做事情，而是你的朋友都在幫助你。所以，對於人脈比較好的人來講，他的職場發展要順利得多。有人說，職場中 10 分工作，9 分是做人，1 分是做事，不是沒有道理的。

但是，不少人看不到這一點。尤其是那些專業比較好的員工，他們以為憑自己堅實的本領，他的職場未來一定會一片光明。然而，事實往往相反。就以唱片業為例，在唱片業裡，最專業的要數詞曲創作和演唱了。然而，從事唱片業的人都知道，即便是你詞曲創作再好，你演唱得再動聽，如果沒有相當大的名氣，那是不會有人自動找上門來的。也就是說，不管你唱片製作的品質如何，如果沒有人脈關係，你的唱片都不會有什麼好的銷路。畢竟酒香也怕巷子深。所以，一個想要在職場中有所成就的人，要牢牢記住，一個人能獲得職場上的成功，70% 來自於人脈競爭力，30% 來自於自己的努力奮鬥。

美國前總統羅斯福曾經說過這樣一句話：「成功的第一要素是懂得如何打好人際關係。」羅斯福總統的話很有道理。事實上，他能夠走上總統的寶座也是得益於眾多朋友的幫助。曾有一個美國人，做過一個有趣的調查，他向兩千多位雇主進行了一個問卷調查：「請查閱貴公司最近解僱的三名員工的資料，然後回答：解僱的理由是什麼？」結果在各類回答中，竟然有

67%的人是因為跟同事無法打好關係，而被解僱。可見人脈關係在職場發展中有著多麼重要的地位。美國某鐵路公司總裁，他有一句名言，是這樣說：「鐵路的95％是人，5％是鐵。」他的意思說，在鐵路公司，想要取得事業上的發展，靠的是人脈關係，而鐵路本身在事業中發揮的作用並不是很大。他這話的意思並不是說，鐵路本身不重要，而是突出了人脈關係的重要性。美國鋼鐵大王卡內基，也有過類似的表述：「專業知識在一個人成功中的作用只占30％，而其餘的70％則取決於人際關係。」可見，在職場中，人脈關係是十分重要的。

因此，想要在職場中成就一番事業，第一要素便是營造良好的人際關係。而這良好的關係不僅僅指工作關係、同事關係、你和朋友之間的關係等等，還應該包括家庭關係。俗話說得好，「家和萬事興」。你跟自己的父母打好關係，跟自己的配偶打好關係，這不僅決定了你和子女的關係，更會為你的社會人脈關係建立一個十分重要的影響。事實上，家庭關係的好壞直接影響了一個人的職場發展。大多數情況下，家庭關係好的員工，他在職場中，跟同事、上司以及跟自己的客戶之間大都能建立起十分友好的關係。而建立了友好的關係，形成了人脈競爭力，這是一個人在職場發展中最為重要的前提。因為如果人脈很差的話，即便是再有專業技能，也難以獲取更大的生存空間。

對於職場中的人來講，人脈便是至關重要的無形資產。雖

然看起來不是直接的財富，但是如果沒有這個無形的資產，就很難聚斂財富。看起來，人脈關係雖不是直接的職位，但是有人脈關係，你便能在很短的時間內獲取更好的職場發展。因此，在職場中，能不能有所發展，關鍵便是看這個人的人脈關係如何。如果人脈關係好了，那麼的職場發展前景一定不差。反之，如果人脈關係不是很好的話，他的專業技能再好，他就是再怎麼努力，也是難有作為的。

◆ 建立自己的人脈存摺

相信不少人走上職場前都會在個人專業能力上下了不少的功夫，但是走上職場後，卻發現專業能力固然重要，然而建立自己的人脈存摺似乎更重要。

這看起來有點讓人匪夷所思，卻是十分重要的一點。而且，一個行走在職場中的人，不但要明白人脈存摺的重要性，更要苦心經營它。這是因為個人的專業能力再強，相對於團體，相對於整個專業領域，顯得十分渺小。一個人懂得的知識再多，他也不可能窮盡一切。再說了，現代職場是多人合作的職場，一個人即便是擁有了某一方面的能力或幾方面的能力，仍然很難獨立完成某項具體的工作。因此，即便是從純專業的角度看，建立自己的人脈存摺也是十分重要的。更何況職場的

成功，本來就是各方面能力綜合運作的結果。沒有了人脈存摺，離開了人脈關係，真的很難設想，一個人在職場中會有多大作為。

美國哈佛大學曾經就這方面做過專門的研究。他們研究的課題是：人脈能力在一個人的成就中究竟扮演了什麼樣的角色？他們專門調查了貝爾實驗室的頂尖研究員。結果他們發現了一個十分有趣的現象：許多專業能力很強的研究員，並沒有取得與他們的能力相對應的成就；相反，許多專業能力不是最強的人，卻往往取得了讓人意想不到的傑出成就，成為某一領域裡的頂尖人才。這是為什麼呢？哈佛大學進一步的研究顯示，這跟他們的人脈關係有極大的關係。一個專業能力很強，但是人脈存款不多的研究員，在遇到棘手問題時，他們也會努力請教專家，但是因為沒有建立有效的人脈關係，他們的諮詢往往得不到快速的反應，在苦苦地等待中不但浪費了時間，更重要的是錯過了不少研究的機遇，因而大多與成功擦肩而過。但那些頂尖人才就不大不一樣了，雖然他們的實際專業能力並不是最強，他們在研究中同樣也會遇到問題，甚至會比那些專業能力強的研究員遇到更多的問題，但是他們卻能在最短的時間內找到有效的解決問題的辦法，所以，他們的研究往往要順利得多，他們取得的成就也就大得多。這是為什麼呢？這是因為他們平時已經建立起了豐富的人脈資源網，他們在自己的人脈存摺裡存進了很多的「錢」，他們一旦有什麼研究上的難題，他便

立即從自己的人脈存摺裡提取「存款」——請朋友幫忙，這樣他便能在最短的時間內得到多方面的支持。所以，一個專業能力並不是最出色的研究員，卻往往取得了傑出的成就，也就是這個道理。

其實，這樣的人脈關係在職場中也是十分有用的。在職場中，如果人脈關係好，人脈存款高，那麼便有機會比別人更快地獲得有用的資訊。如果人脈關係運用得當，這些人脈存款便能有效轉換成為升遷機會，甚至是直接的財富，而特殊的情況下，如果一個職場中的人擁有豐富的人脈資源，還會幫助自己在職場中轉危為安。因此，現代職場中的人，一定要有自己的人脈存款。

請看下面的職場案例：

益登科技，位於臺北市內湖科學園區。原本這是一家不起眼的小公司，剛剛創立時，沒有什麼人看好。然而，讓人想不到的是，就在前幾年，該公司因為代理了 NVIDIA（全球繪圖晶片龍頭廠商）的產品，竟然從一個無名小卒迅速躋身為臺灣地區第二大 IC 管道商。而創造這個奇蹟的便是該公司的總經理曾禹旂先生，誰都沒有想到他竟然在短短的 6 年內，單槍匹馬打拚出一家市值超過 80 億新臺幣的大公司。

這個曾禹旂究竟是一個什麼樣的奇人異士呢？他們是不是有什麼特殊的才能？他究竟靠什麼赤手空拳打拚出這麼大的公司來呢？許多人對他產生了濃厚的興趣。然而，研究的結果卻

似乎有點讓人失望。因為根據他認識 20 多年的老朋友說，曾禹旖雖然取得了十分了不起的成就，但客觀來說，他在行業中還算不上頂尖高手。比他聰明的人有的是，比他能力強的人也是大有人在。但是他有一個優點，他的人脈存摺裡有著十分豐富的人脈資源。在別人需要他的時候，他會竭盡全力地幫助別人；同樣，在他需要別人幫忙的時候，別人也是坦誠相待，都竭盡所能地幫助他。正因為此，在他的領導下，公司才一步步地走上正軌，才一步步地慢慢做大。

當然，曾禹旖的成功跟他自身的努力是分不開的，但是他苦心經營的人脈關係極大地幫助了他成就一份不菲的事業，那也是不爭的事實。

寇克‧道格拉斯是美國著名的影星。然而，誰又能想到他年輕的時候卻十分落魄潦倒。雖然他是一名十分優秀的演員，也非常努力，但是看起來成功離他是那麼的遙遠。儘管如此，他還是沒有放棄自己的追求，他一邊盡力做好手邊的事情，一邊努力提高自己的專業技能，還一邊尋找機會。有一次，搭火車時他與旁邊的一位女士攀談了起來。對於他來講，他並沒有把這位女士當作什麼機遇，也許他只是想建立自己的人脈存摺吧。於是，他很真誠地跟這位女士聊了起來。他們聊得很愉快，換句話說，他又在自己的人脈存摺裡，存進了一筆「錢」。然而，讓他沒有想到的是，這一次「存」進去的卻是自己整個未來的徹底改變。因為那位女士恰巧是好萊塢的知名製片人。正

因為這次奇遇，寇克‧道格拉斯很快便在美國影視界嶄露頭角，成為美國著名的影星。

客觀來說，寇克‧道格拉斯本來就是一匹千里馬，不過，如果他不注意建立自己的人脈關係，如果不時刻注意在自己的人脈存摺裡「存錢」，他即便在火車上遇到了好萊塢製片人，他的人生也不會發生那麼大的改變。換句話說，他即便是千里馬，如果沒有自己的人脈存摺，伯樂也會與他失之交臂的，他的成功也就會變得遙遙無期。所以，建立自己的人脈存摺實在是太重要了。

臺灣凌航科技董事長許仁旭靠人脈存摺成就了自己的職場。他有一段話說得好，他說：「如果不是因為朋友的介紹，憑我中山大學的學歷，根本不可能進台積電或任何一家科技公司；如果不是因為我在台積電工作時跟凌陽董事長黃洲傑建立了深厚的感情，我現在也不會成為凌陽集團投資業務的重要顧問。」好萊塢流行的一句話也同樣說明了建立人脈存摺的重要性：一個人能否成功，不在於你知道什麼，而是在於你認識誰。

當然，這並不是說，專業能力就不重要，而是強調一個行走在職場中的人要善於建立自己的人脈存摺。事實證明人脈是一個人通往財富，取得職場成功的入場券。

◆ 人脈關係增加升遷機會

在職場中，人脈關係是極為重要的一個課題。不過，剛剛走上職場的人，他們因為沒有過切身體驗，而往往不是很重視人脈關係。雖然他們對自己的職場都有著美好的願景，但是他們更看重是自己的能力，是透過自己的努力取得職場上的發展。受了這麼多年的教育，剛剛走上職場上的大學生們，他們一般自我感覺良好，而且自我意識也較強。他們的人是走上了職場，然而，他們的思維方式，他們的心大都還在大學裡，還沒有真正意義上認知到，他們已經到了一個有著錯縱複雜關係的社會大環境裡。他們首先要做的應該是確立自己的人生座標，理順自己的人脈關係。

要學會尊重自己的上司，學會尊重同事。他們能在這樣的職位上工作到今天，他們能夠做到上司的職位上，自然有他們的過人之處。不要以為自己是大學生，甚至是名牌大學畢業的學生，就有什麼了不起，就可以瞧不起人。那是萬萬要不得的。任何剛進入職場的人，不管你有多大的本事，有多麼輝煌的過去，一切都要從零開始，都要以每一位員工為自己的學習榜樣，以自己的老闆、上司為自己的學習榜樣。這樣，你才能為自己爭取到一個謙虛的人脈形象。

對於自己的同事，要多多的理解，多多的寬容，不要苛求別人，畢竟他們不是你的下屬，他們沒有義務為你效勞。如果

發生了誤解，甚至爭執的時候，要努力控制好自己的情緒，要盡可能地站在別人的角度想想，要多多地考慮別人的處境，這樣，就不會情緒化地跟同事相處了。閒暇無事時，不要隨便議論別人，要努力看到別人的長處，這樣，你便覺得幾乎所有的人身上都有值得你學習的地方。

剛剛走上職場的人，一定要充分理解到，跟同事處好關係，跟自己的上司處好關係，不僅僅是為了工作環境輕鬆一些，更是為了自己的職場發展。事實上，一個人如果人脈關係好，他常常會獲得意想不到的發展的機會。

大江是某中型企業裡的一個最不起眼的人，然而，他卻取得了不平凡的職場成就，讓許多名牌大學生百思不得其解。因為大江實在是太平常了。他畢業於私立科大，這樣的學歷，業務水準大都不是很好。他在大學裡學的是國際貿易，然而，他的同事卻從來都沒有聽他說過一句英文。他來公司幾年了，也沒見他有什麼特殊的成績，但是他的職場發展卻比一般人順利得多，現如今他竟然當上部門經理，真是匪夷所思。

在一般人眼裡，他的確沒有什麼好說的，說他一無是處吧，也有點言過其實，但說他實在沒有什麼能力，倒也是客觀的評價。他不是那種偷懶的人，平時工作也很努力，但是因為能力有限，所以經常犯一些小錯誤。比如讓他外出購物，不管你如何的千叮嚀萬囑咐，他都會出點錯誤。叫他買兩樣東西，可能回來時，卻發現他只買了一樣。對於自己的過失，他會朝

你憨憨地一笑，不好意思地說：「我忘了，我再去買。」他的臉上滿是歉意，滿是真誠，而且，當他意識到自己的錯誤後立即改正的態度，實在讓人不忍心再去責備他。工作時，他雖然工作的品質不很好，但是他的態度極好，他會及時補救工作的失誤，所以，往往也能把事情做好。因為他很憨厚，所以同事們很喜歡他。上司對他的印象也不錯。他有一個習慣，下班沒事了，他會跟打電話，跟自己熟悉不熟悉的人都聊得來，所以，他有很多的朋友。

因為他並沒有受過什麼正規訓練，工作中，他並不是很順手。有一次，公司讓他幫助工程師翻譯一份英文資料。這份資料其實並不是很難，只要英檢有到達中高級的人都能順利完成工作。但是，他英語底子實在是太差了。所以，讓他翻譯的確是難為了他。他知道自己的能力有限，但是當公司讓他做這件事情時，他一點都沒有推託，立即接受了任務。他從家裡搬來詞典，一句話一句話的翻譯，他雖然翻譯得很艱難，但是他的態度非常好。有什麼不懂的地方就問同事，中午也不休息，別人都下班了，他仍努力加班工作。有什麼問題，他就打電話詢問他的朋友。經過幾天的艱苦努力，在朋友的幫助下，他的英語能力雖然很差，但是他還是完成了這份資料的翻譯，而且還不錯。老闆非常高興。

有一段時間，公司業務比較好，經常招人。老闆對大家說，有什麼合適的朋友可以介紹到公司來。因為公司有專門的

人力資源部，所以，老闆也只是隨口一說而已。大家都知道老闆並沒有認真說，但是大江聽進去了，不時地把自己的朋友介紹到公司裡來。因為老闆認為大江這人不錯，所以每次大江介紹人來時，只要公司需要，而大江介紹的人也不錯，大多數情況下老闆都錄取了。結果沒多久，在這家公司裡便有了許多大江的朋友，辦公室主任是他的大學同學，企劃部副經理是他的同鄉，財務部幹事是他的表姐等等。不知不覺中，大江的手下有了一幫自己的朋友。他在公司的人緣更好了。

後來，公司的生產部經理上調到總公司了，公司決定任命一名新經理。跟大江同時進公司的員工，都躍躍欲試，希望能抓住這個難得的機會。他們託人找關係，說好話，希望能在老闆面前留下一個美好的印象，以便在競爭中拔得頭籌。只有大江無動於衷，還是做著自己本分的事情。

幾天後，那些勝券在握的員工，滿以為升遷有望，然而都沒有被老闆看中，即使他們是公司裡頂尖的業務，都有不錯的業績。老闆出人意料地選中了大江。這些人很不理解老闆為什麼會選用大江，而不選用他們。老闆知道他們的心裡是怎麼想的，於是，便專門就這次的提升，做了員工問卷。結果發現公司裡大多數的人都投了大江一票，尤其是那些大江介紹進來的朋友們，更是大江堅定的支持者。那麼多的認識的、不認識的人，都投了大江一票。是因為他們都認為大江這個人不錯，雖然能力不是很強，但是他謙虛好學，人緣好，工作也是不錯

的。相反，那些自認為能力過人的員工，雖然能力不錯，但是面臨到競選經理時，才臨時抱佛腳託人找關係，這已經太遲了。所以，面對一個絕好的升遷機會，他們都錯過了。

大江之所以能夠獲得職場上的成功，並不是因為他的能力有多強，也不是因為他為公司做出了多麼了不起的貢獻，相反，他是一個十分平常的人。如果一定要說他有什麼不同，那就是大江的人脈競爭力遠遠超過他的同學。畢竟一個部門經理是要服眾的，如果沒有一個人肯聽你的話，即便是你的能力再強又有什麼用呢？老闆看到了這一點。雖然大江能力是差了一些，但是他謙虛好學，而且有這麼多的人肯幫助他。他做這個經理雖然有點吃力，但是在努力下，在全體同仁的幫助下，他還是可以把工作做好的。但是如果任命能力上比較強的那些員工，因為他們的人脈關係太差，即便他們本人很努力，卻沒有什麼人願意幫助他們。一個人的能力再強又能有多大的作為呢？相比大江就很不一樣了，實際上，大江可以憑藉自己的人脈關係整合整個部門的人力，大江個人的能力雖然不是很好，但是有了大家的幫助，他還是可以成就一番事業的，至少，會比那幾個自以為是的員工要好一些。所以，老闆最終選擇了大江。

在這個案例中可以看出，人脈關係是多麼的重要，有了人脈關係，不但能在職場中舒心地工作，還能幫助自己升遷。也許名牌大學的學歷，可以幫助你敲開職場的大門，你的高超專

業技能能夠讓你尋找到一個合適的職位，但是如果要更進一步的發展，卻需要憑藉你的人脈競爭力。因為一個人的力量畢竟有限，有了朋友的幫忙，即便是專業能力上弱一些，或學歷差一些，你都可以憑藉人脈獲得更好的升遷機會。

◆ 你的交際力能否通吃

　　在職場中是不是你的朋友越多，是否就意味著你的交際力就越強呢？其實，在很多情況下不是那麼回事。朋友多可以說明你是一個有人緣的人，但是職場中的交際力，卻是另外一個概念。畢竟職場交際力，是為了職業需求而構建的職場能力，雖然和日常交朋友的能力有相似之處，但是也有多少明顯的不同。最大的不同便在於，日常朋友相交是很隨意的，甚至是有選擇性的，但是職場交際卻不能隨意，更不能有意選擇。

　　小李是一個活潑可愛的人，她大學畢業後找到了一份不錯工作 —— 在比亞迪汽車公司擔任汽車設計。雖然她的能力很強，工作很出色，但是她一直不想從事這項工作，儘管大學裡學的是汽車設計製造。她覺得自己是一個活潑開朗的人，整天跟這些死氣沉沉的圖紙打交道，實在是沒什麼意思。她嚮往到外企的公關部去工作。她之所以想從事公關工作，一是她認為公關工作有意思，每天可以接觸到不同人，經歷各式各樣的事

情，她覺得這樣的生活有意思。二是，她覺得自己的人緣不差，自己有好多的朋友，而且都很可靠。她想，到公關部工作，還不是手到擒來的事情。於是，她便把自己的想法跟男朋友說了，原以為男朋友會支持她的，沒有想到男朋極力反對。

她很生氣，她認為男朋友不愛她，不支援她的事業發展。然而，男朋友的一席話，令她驚詫。男朋友說：「不是我不支持妳的事業發展。妳想，妳的朋友是多，但是妳的朋友中除了我是男性外，還有一個是男性嗎？再說了，妳這些好朋友中，有人小於二十、大於三十歲的嗎？我想請問妳到公關部工作後，妳能否保證妳的業務對象都是跟妳差不多年齡的年輕女性呢？」

這一問一下子把小李問傻了，的確，她的朋友是很多，但是她的朋友都是青一色的青年女性朋友，除男朋友外連一個男性都沒有，就更不用說是老人、中年人了。而她將來面臨的實際客戶，肯定是不可能這樣單一的。而小李之所以認為自己比較適合公關部工作，那是因為她認為自己的朋友很多，而且關係很好。她以為一個會交朋友的人，她的交際力就強，所以，她覺得自己比較適合公關部工作。然而，她實在是錯了。衡量一個人的人際交往能力是不是很強，不能僅僅看她有多少朋友，還要看她主要跟什麼樣的人打交道。看看他的朋友結構中是不是什麼行業的人都有，是不是什麼職位的人都有，是不是中、高、低端都有自己的朋友，是不是各個年齡層都有朋友，

而且不分男女老少。不但要有自己的朋友，更要跟這些朋友都處得不錯，一旦自己遇到了困難，有什麼需要請他們幫忙時，他們又都能盡力幫助你。這樣的人，他們的交際力就比較強。當然，這話也可以反過來講，一個人看起來朋友是很多，但是如果這些朋友都是集中在同一個圈子裡的，比如都是女性朋友，都是男性朋友，或是都是同事、同學等等，這雖然不能說是什麼壞事，但是這樣的社交圈太狹窄了。雖然在你的朋友的能力範圍之內，他們是可以幫助你，但是人的生活是多方面的，尤其在職場中，一個人遇到的困難有很多，而且涉及到方面很廣，這樣單一的交際圈，對自己的生活、工作的幫助就十分有限了，也就是說單一的交際圈，是很難拓展自己的職場空間。

阿翔在上汽車集團工作，從事檢測工作。他工作能力很強，交際力也不弱。但是最近，他遇到了一件事情。他在檢測一臺車時，隱隱覺得車是有問題的。但是檢查了好幾遍，就是沒有發現問題在什麼地方。他立即請他的朋友幫忙，朋友們也是覺得車有問題，但是檢查了半天也沒有發現問題的所在。因此，他很著急。晚上回家，他把這件事情告訴了妻子。妻子聽了後，對他說了一番話讓他如夢初醒。

他的妻子說：「我以前就跟你說過，雖然什麼人都要交往，什麼樣的朋友都要交，但是還是要注意盡量跟比自己強的人交朋友。你看看你，我平時說你時，你不聽。你看看，現在遇到

問題了吧。你的這一些朋友，他們哪一個比你的能力強，比你的業務好？你就喜歡跟那些跟你差不多的人混在一起。現在遇到問題了，連你都解決不了，他們能幫你什麼忙？還是想其他辦法吧。」

　　妻子的話雖然聽起來不是很舒服，但是妻子的責怪不是沒有道理的。想想也是，自己就是喜歡跟他混得差不多的朋友相處，甚至許多人都不如他。他覺得跟這些人在一起，沒有什麼心理障礙。這實際上，是一種心理疾病。這叫選擇性交往。這實際上說明他的內心深處對於強者有一個心理畏懼的感覺，所以他的潛意識裡有一種敬而遠之的心態。這樣的心態導致了他的交往障礙，當然也就影響了他的實際交際力。事實上，衡量人際交往力的一個重要標準便是看你的朋友是不是比你強。在職場中，一個人是不可能解決所有問題的，跟比自己強的人交朋友，努力提高自己的職場交際力，是拓展職場空間的一個很好的辦法。

　　除此而外，人的交際力強弱還表現在你的朋友是不是涵蓋各個年齡層，換句話說，在職場交際中你能否「通吃」。妻子在阿翔慢慢冷靜下來後，又跟他說：「其實，有些東西你不是不懂，而你卻刻意迴避。你是知道什麼年齡層的朋友都要交往的。二十上下的朋友積極活潑，三十左右的朋友努力進取，四十前後的朋友穩重有職場經驗，而五十以上的年齡層的朋友因為經歷過數十年的職場鍛造，他們充滿睿智。如果跟這些人

交朋友，你可以從他們身上汲取更多的智慧和經驗。」

　　妻子的話，讓阿翔反省許多。的確，妻子的話是很有道理的，如果職場中只跟同齡人在一起交朋友，或只跟比自己弱的人交朋友，這對自己的職場競爭力的提高是極為不利的。

　　因此，在職場中不能選擇性地交往，不能有意局限自己的交往範圍，這樣不利於提高自己的職場交際力。在現代職場中一個交際力比較弱的人，他要在職場中有所成就，他所遇到的困難是很大的。所以，一個走上職場的人要努力提高自己的職場交際力，而且要跟各式各樣的人交往，跟各種年齡層的人交往，跟各種類型的人交往，也只有做到了職場交際上的「通吃」，才能擁有不平凡的職場交際力，從而最大可能地拓展自己的職場空間。

◆ 提升人脈競爭力的幾個方法

　　對於職場中的人來講，如果沒有專業技能，很顯然是無法生存的，這是職場生存的根本。不過，話如果反過來說，想要在職場有遠大的發展，只有擁有堅實的專業技能就行了，就不完全正確了。事實上，僅僅擁有專業技能，只是職場發展的前提條件，並不能保證一定就會有光輝的職場前程。事實上，如果要讓自己在職場中有更好的發展，還得要借助自己的人脈競

爭力。也就說，職場中發展專業技能是你鋒利的刀劍和堅固的盾牌，而人脈競爭力才是你真正的「祕密武器」。這是因為光有專業，沒有人脈，你的職場發展只能是一分耕耘一分收穫，但是如果加上人脈競爭力，一分耕耘便可以獲得數倍收穫。大概正因為此，所以美國才流行這樣一句話：「一個人能否成功，不在於你知道什麼，而是在於你認識誰」。因此，在當今這種十倍速知識經濟時代，建立自己的人脈體系就顯得十分重要了。

　　常見的提升人脈競爭力的方法有下面幾種：

委託朋友介紹

　　許多人處朋友只是止於生活的需求，這是因為他們沒有意識到朋友對於職場生涯的重要性。美國人力資源管理協會曾經與《華爾街日報》聯合做過一項調查。調查的內容是人力資源主管是如何招聘人才，以及求職者如何尋找合適的工作。調查結果表明：95％的人力資源主管和求職者是透過人脈網路招到了合適的人才或找到了合適的職位。根據人力資源的主管和求職者的調查發現，有61％的人力資源主管和78％的求職者都認為，透過人脈網路尋找招聘人才和尋找工作是目前最為有效的方式。

　　從上述案例中，可以看出透過朋友介紹對於一個人的職場發展來說是多麼的重要。不過，在建立自己的人脈網路時，有

一點是需要注意的。在跟朋友相處的過程中，不能老是跟某個特定的朋友交往，因為如果那樣的話，無論你和他的關係有多好，也無論他是多麼真心地幫助你，你的人脈關係網絡都沒有辦法真正地建立起來。正確的做法應該是，不但跟你的朋友交往，還應該盡可能地進入到朋友的交際圈裡。也許對於某個人而言，自己的交際圈不一定很大，但是如果善於利用你朋友的人脈網路，把自己的人脈網路建築你朋友的人脈網路之上，向外無限拓展的話，你就能在很短的時間內快速地提升自己的人脈競爭力。

總之，做一個職場中的有心人。你可以根據自己的實際情況，制定出切實可行的人脈發展規畫。你可以詳細列出你需要開發的領域，然後，根據現有人脈關係，尋求相關領域裡的朋友的幫助和支持，創造合適的機會，然後採取行動。這樣，你便能迅速建立自己的人脈網路。

參加社團組織

一個人的人脈網路畢竟十分有限，如果要更大可能地發展自己的人脈網路，還要巧妙運用參加社團的機會，創造和別人相處的機會，爭取交到朋友。這是因為如果太過主動地接近陌生人時，別人常常會在不自覺中自我保護，而本能地拒絕你。有一些直銷企業的員工，他們為了能推銷自己的產品，便到處

以交朋友為名推銷自己產品，拉別人入夥做直銷員。然而，他們的工作效果卻不盡人意。這是因為別人在心底裡就覺得你帶有目的，而使交往還沒有開始，別人的心裡就已經產生了很大的牴觸情緒。可見平時過分熱情地跟陌生人交往，能夠提高自己的人脈競爭力的空間並不是很大。不過，如果是透過適當的社團活動，進行交往的話，就不太一樣了。因為這是在自然狀態下與他人建立的互動關係。別人沒有什麼戒心，而且因為是同一個社團，你們大都是有共同語言的，這樣擴展自己的人脈網路就會有利得多。

比如建立什麼聯誼會、同鄉會，什麼技術合作會等等組織。不過，如果能獨立成立一個社團就更好了，即便不能獨立成立，最好能爭取到一個統合者的角色。因為站在理事長、理事、祕書等位置上，你就有更多服務他人的機會。看起來，你是在為他人提供服務，然而在這個服務的過程中，就自然而然地增加了與他人聯繫、交流的機會。你的人脈網路便在不知不覺中慢慢建立起來了。

充分利用網路

網路是虛擬的，但是並不代表在網路上就交不到真心的朋友。事實上，因為網路常常是不設防的，常能交到許多知心的朋友，這對於自己的職場人脈競爭力的提高也是十分有益。

　　鄭經理在一家中型企業的銷售部工作。他的愛好是沒事上上網。不過，他並不愛好打遊戲，他喜歡在自己的網誌裡，寫寫自己的生活、工作感受等。寫完了，他還到別人的網誌看看，順道學習。有一次，他看到了一篇十分精采的文章，讀完之後，他感嘆不已，便隨手發表自己的看法，以及對作者由衷的讚美之情。往來都是互相的，他在別人的網誌留下評論，別人也會禮尚往來。這樣一來二去，他便和對方建立了深厚的友誼。半年後，他們約定見面，大有相見恨晚之勢。對方熱情邀請他到他的企業去工作。現在，他已經是這家企業的主管行銷的副總經理了。

　　鄭經理的職場之所以成功，是因為網路幫了他大忙。網路是雙刃劍，既有不利的地方，但是如果使用得當，還是很有益處。鄭經理在網路上和他的網友真誠的交流，為他們日後建立深厚的友誼打下了堅實的基礎。當然，也為他後來的職場發展提供了一個非常重要的人生平臺。因此，巧妙利用網路資源提高自己的人脈競爭力，是一個非常好的途徑。

處處做有心人

　　一個想在職場中有所成就的人，要處處學做一個有心人，利用一切可以利用的機會提高自己的人脈競爭力。

　　外出開會、學習、參加宴會等，不要把時間算得那麼死，

你可以考慮提前一點到現場。不少人的習慣是到了現場先看看有沒有自己熟悉的人，這當然有利於提高自己的人脈競爭力。不過，更應該利用這個難得的機會，跟許多不認識的人交流。跟他們寒暄，甚至說一些身邊的事情，做一些適當的交流，最後不要忘了跟對方交換名片。以後，注意跟有人脈發展可能的人進行更進一層的交流。

有的公司比較大，平時大家很少有機會一起坐下來好好聊聊。能夠跟上司、老闆、同事單獨相處的機會，一般不是很多。所以，如果能夠有機會單獨跟他們在一起，這可是上天賜給你、提高你的人脈競爭力的絕佳良機，你可不能隨便錯過了。最好，能在之前做一些準備，在交往時，要適度。這樣，便能慢慢建立自己的人脈競爭力。

努力創造機會

一個職場中的人如果要提高自己的人脈競爭力，僅僅等待機會的到來，那是不夠的。因為通常情況下，機會不會自己主動降臨到你的身邊。身為一個職場中的人，如果實在沒有機會，便要學會耐心地守候；一旦有機會了，要緊緊抓住。這是一種提高人脈競爭力的方法。不過，通常情況下，光這樣還是不行，因為機會對於大多數人來講是不多見的。所以，還要學會努力創造機會，這樣的話，就可以最大可能地拓展自己的職場空間了。

有三個人，他們都是某合資公司的上班族，不過，他們的職場發展卻大不相同。小燕覺得自己很有才華，但是老是埋怨上級沒有賞識自己，經常一個人痴痴地想：要是有一天能夠讓我見到老闆就好了。那樣的話，我就可以充分展示自己了。他的同事阿鋒也有同樣的想法。不過，他跟小燕不同的是，他主動打聽老闆上下班的時間，並計算好他進電梯的時間，然後「守株待兔」，在電梯的不遠處刻意地去守候，希望有一天能遇到老闆，跟老闆打個招呼。而同事小剛就更進一步了，他不僅打聽老闆的上下班時間和乘電梯的時間，他還詳細了解老闆艱難奮鬥的歷程，了解老闆最近最為關心的是什麼問題，並精心設計了簡捷而獨特的開場白，算好時間後跟老闆同乘電梯，交談了幾句。老闆對他留下了深刻的印象。後來，又有一次，他創造了一個機會跟老闆長談了一次，讓老闆對他有了更深的了解，於是不久後，他便為自己爭取到了更加合適的職位。

小燕、阿鋒、小剛這三個人剛來公司時，他們的處境是差不多的。都是公司的上班族，而且他們的能力也旗鼓相當。但是幾年之後，他們在公司職場中的發展就大不一樣了。這跟他們採用不同的方式建立人脈競爭力有著莫大的關係。小燕是坐等機會的到來，阿鋒尋找機會跟老闆見面，而小剛更進一層，不但創造機會跟老闆見面，還努力創造機會展開他和老闆之間的來往，向更深層次發展，從而最先建立了良好的人脈競爭力。他日後的職場發展，在很大程度上得益於精心營造的機

會，得益於強大的人脈競爭力。所以，在職場中想要有所發展，就要善於創造機會，創造跟別人相處的機會，努力提高自己的人脈競爭力。

第八章

發展力 —— 職場發展的強者之勢

任何人走上職場都不可能永遠一帆風順，遇到各式各樣的困難在所難免。問題是面對困難應該如何應對，這才是職場中的人所應該密切關注的。首先要明白在逆境中如何求取職場的發展，要明白職場中的沮喪情緒是要不得的，儘管這是人之常情。在職場中可以允許失敗，但是每一次的失敗要成為你下一次職場騰飛的基石，你要從每一次的失敗中總結經驗教訓，這樣才能在以後的職場發展中不致於犯同樣的錯誤。要明白堅持學習，不斷提升自己，時刻做一個有準備的人，這樣才可以衝破職場的天花板，以取得職場的巨大發展。

而這便是職場發展力，是面臨困難下你所擁有的難能可貴的發展力，是你取得職場發展的最有力的保證。

◆ 在逆境中求取職場發展

職場中並不是每一個人都能夠有所發展的。有的人剛入職場時，職場環境不錯，但是若干年後，卻沒有取得什麼傲人的成績；而有的人剛入職場時非常艱難，然而，幾年後，他的職場生涯卻發生了巨大的改變。這是因為有的人在順境中，沒有居安思危，沒有積極進取，所以沒有取得什麼職場成就。身處逆境的人，他們臥薪嘗膽以圖發展，當然能取得不菲的職場成就。正所謂「生於憂患，死於安樂」，說的就是這個道理。

　　兩個半世紀以前，在法國里昂有一場盛大的宴會。來參加宴會的人都是當時社會上的名流，或是政界要員，或是學界泰斗，或是職場中取得巨大成就的企業家、銀行家等等。他們早早地來到了宴會現場，當時宴會廳裡有一幅畫吸引了來賓們。他們熱烈地討論了起來，有的說這幅畫表現了古希臘神話中的一個場景。有的說，不，這幅畫表現的是希臘時代的一個真實的歷史畫面。因為看起來誰都有道理，而誰又無法說服對方，於是便激烈地爭論了起來。爭論越來越激烈，最後發展到爭論的雙方一個個面紅耳赤的，吵得不可開交。本來一個美好的宴會，竟然被一幅畫弄得一團糟。主人看情形不對，靈機一動，便隨手請一直站在旁邊默不作聲的侍者來解釋一下畫面的意境。

　　對於主人這樣的安排，來賓們都感到不可思議，甚至非常憤怒。因為這是一個地位十分卑微的侍者，他根本就沒有發言的權利，來賓覺得這是主人對他們的汙辱。儘管如此，他們畢竟是有身分的人，他們還是耐著性子聽這位侍者的解釋。

　　沒想到這位侍者，面對眾人的側目，非常坦然。他來到畫前，向各位來賓解釋這幅畫的意境。他細緻入微地解說著這幅畫，他思路是那樣的清晰，解說是那樣的深刻，以致於深深震撼了在場的每一位賓客。侍者以無可辯駁的觀點，讓在場所有的人都心悅誠服。於是，爭端平息了。

　　然而，爭端是平息了，人們對這位與眾不同的侍者卻產生了濃厚的興趣。因為這實在不是一位平常的侍者所能說出來的

話，於是一位客人極其尊敬地對侍者說：

「請問您是哪所學校畢業的，先生？」

「我在許多學校接受過教育，閣下。」年輕的侍者也很尊敬地回答道：「但是我印象最深的，並且能夠讓我學到最多東西的學校名叫做『逆境』。」

侍者的話，讓所有的人都深深震撼了。是啊，一個侍者能受到什麼好的教育，一個侍者能有什麼未來，能有什麼職場的發展，在那個等級森嚴的社會裡，哪裡還有他事業發展的空間呢？唯有「逆境」，才能促使他不斷向前發展。

這位侍者名叫尚·雅克·盧梭。這位偉大的哲人，一生確實都是在逆境中度過的。然而，飢寒交迫的生活，並沒有讓盧梭沉淪下去，相反，環境的惡劣，卻使他奮發圖強，使他成為了一個對整個社會都有著深刻認知的人，使他成了那個時代法國最偉大的天才，他的思想就像暗夜裡的星星照亮了整個歐洲。

一位偉人說得好：「並不是每一次不幸都是災難，早年的逆境通常是一種幸運。與困難鬥爭不僅磨礪了我們的人生，也為日後更為激烈的競爭準備了豐富的經驗。」蘇聯作家高爾基也曾說過類似的話，他說：「苦難是最好的大學。」

一個人能不能成才，不僅僅看他的天賦，更要看他的毅力。而逆境和苦難常常是最好的學校，它常能鍛鍊人們的意志。而一個人如果具備了鋼鐵般的意志，他又豈能不成功呢？其實，職場中也是一樣的，任何一個人的職場都不可能是一帆

風順的，遇到困難是正常的，身處逆境也是尋常的事情，不要認為自己很不幸，其實，身處逆境恰恰是成就職場的一個絕好的機會，因為它能鍛造你鋼鐵般的毅力。試想一下，如果連這樣的苦難都能挺過來，你的職場生涯能沒有好的發展嗎？

英國著名作家威廉·科貝特（William Cobbett）曾回憶說：「當我還只是一個每天薪水僅為 6 便士的士兵時，我就開始學文法了。我床鋪上，或者是專門為軍人提供的臨時床鋪上，成了我學習的地方。我的背包也就是我的書包。把一塊木板往膝蓋上一放，就成了我簡易的寫字檯。在將近一年的時間裡，我沒有為學習而買過任何專門的用具。我沒有錢買蠟燭或者是燈油。在寒風凜冽的冬夜，除了火堆發出的微弱光線之外，我幾乎沒有任何光源。而且，即便是就著火堆的亮光看書，這樣的機會也只有在輪到我值班時才能得到。為了買一支鋼筆或者是一疊紙，我不得不節衣縮食，從牙縫裡省錢，所以我經常處於半飢半飽的狀態。」

「我沒有任何可以自由支配用來安靜學習的時間，我不得不在室友和戰友的高談闊論、粗魯的玩笑、尖利的口哨聲、大聲的叫罵等各式各樣的喧囂聲中，努力靜下心來讀書寫字。要知道，他們中至少有一半以上的人是屬於最沒有思想和教養、最粗魯野蠻、最沒有文化的人。你們能夠想像嗎？」

「為了一枝筆、一瓶墨水或幾張紙我要付出相當大的代價。每次，握在我手裡的，用來買筆、買墨水或買紙張的那枚小銅

幣似乎都有千斤之重。要知道，在我當時看來，那可是一筆大數目啊！當時我的個子已經長得像現在這般高了，我的身體很健壯，體力充沛，運動量很大。除了食宿免費之外，我們每個人每週還可以得到兩個便士的零用錢。我至今仍然清楚地記得這樣一個場面，回想起來簡直就是恍如昨日。有一次，在市場上買了所有的必需品之後，我居然還剩下了半個便士，於是，我決定在第二天早上去買一條鯡魚。當天晚上，我飢腸轆轆地上床了，肚子不停地咕咕作響，我覺得自己快餓暈過去了。但是，不幸的事情還在後頭，當我脫下衣服時，我竟然發現那寶貴的半個便士不知道在什麼時候已經不翼而飛了！我一下子如五雷轟頂，絕望地把頭埋進發霉的床單和毛毯裡，就像一個孩子般傷心地嚎啕大哭起來。」

對於科貝特來說，他的職場環境實在是太惡劣了。他得到的職位僅僅是每天 6 便士的士兵，他不滿足於當時的職位，他想求得職場的發展。所以，便努力學習。然而，學習的環境太差了，而他又是那樣的貧困窘迫，然而，他還是堅持了下來。他樂觀地面對生活，在逆境中臥薪嚐膽，奮發圖強，後來，科貝特終於成了著名的作家。對於科貝特來說，從一個每天 6 便士的士兵，到成為一名著名的作家，這個職場中的巨大變化，是因為艱難的環境磨練了他的意志，成就了他的事業。

「逆境」是最好的老師，是最為嚴厲，最為崇高的老師，一個行走在職場中的人，想要有所成就，面對逆境就不能怨天尤

人，要深刻了解這是上天對自己的鍛造和提攜。只要你挺了過來，你在職場中就沒有理由不成功。

◆ 打包沮喪，重新上路

現代社會是一個人才氾濫的社會，每一年都會有大量的大學生湧入職場。他們中有名牌大學生，碩士研究生，甚至還有博士研究生，他們都有可能在職場中產生重大影響。而且，這個社會越來越職業化，許多職位都出現了職業化、專業化的傾向，想要保住自己的職位，想要進一步的發展，相比以前的確是困難得多。所以，在職場中遭受挫折也就在所難免了。

然而，如何面對挫折，如何對待自己的沮喪情緒，卻是一門大學問。不同的人採用了不同的對待方式，他們的職場發展便會產生截然不同的結果。一種人是消極認命，讓沮喪的情緒充斥自己的整個世界。然而，他不知道的是，在承認並接受自己的確不如別人的同時，也就注定了自己職場的徹底失敗。因為他相信自己沒有能力，相信別人比自己好，於是，他也就輕易放棄了個人的努力和奮鬥，聽憑命運的安排，並借用各種藉口為自己的頹廢和慵懶辯解，然而，這又有什麼用呢？只不過自欺欺人，他的職場的失敗已經注定了。

而另一種人，就更不可取了。職場的失敗，讓他們情緒沮

喪，讓他們看不到希望，於是自暴自棄，甚至鋌而走險。他們以違背常理的怪誕行為，希望在職場中意外撈取更大的利益，然而，這樣的方式不但不能換來職場的健康發展，還有可能使自己遭受更大的職場失敗，嚴重的還有可能觸犯法律。

而第三種人，就很不一樣了。他並不覺得暫時的職場失敗就說明了什麼，他覺得一個人可以有沮喪，但是不能永遠讓沮喪的情緒控制自己，從而使自己真的庸碌一生。他覺得應該扼住失敗的喉嚨，把沮喪打包，重新上路。把過去的一切都忘記，不管是榮耀還是屈辱，不管是成功還是失敗，都把它們統統忘記，一切從零開始。

這種人是最聰明的，儘管剛剛開始時，十分痛苦。然而，痛苦是暫時的，只要控制住自己的情緒，不讓職場的沮喪情緒氾濫，他就可以做自己情感的主人，做自己未來職場發展的主人。實際上，這是人們從職場失敗走向職場成功的唯一可以選擇的路。

有位企業家從中學時代起，就生活得很艱難。他是一個有人生抱負的人，他想成就一番事業，但是現實無情擊毀了他的夢。他在中學裡根本無法安靜地讀書，因為他經常受到歧視，經常被批判。後來，他終於上了大學，本以為終於可以安安靜靜地讀書了，然而，他僅僅讀了半年大學，就因為家庭背景不好，而無法來到學校上學。萬般無奈下，他只好忍痛退學。

還沒有走上職場，他的人生之路就已經這般艱難了。可想

而知，他以後的路會怎麼樣了。20 歲時，他的父親就辭別了人世。而他這時候，職場生涯還沒有真正開始，他是多麼希望父親能幫自己一把，然而，父親卻早早地去世了。沒有辦法，母親只好含著淚，替人看孩子、洗衣服，以維持家庭的生活。母親的辛苦和艱難，使得本就十分敏感的他，深深體味了人生的恥辱。後來，他 25 歲時，終於被分配到一家小工廠當員工。這份工作雖然不怎麼樣，然而畢竟是份工作，他從此走上了職場。

然而，他的職場發展卻出人意料的艱難。先不要說，在這家小工廠裡會有什麼樣的發展，就連基本的人格尊嚴都不能得到保證。他那位所謂的「師傅」，竟然以他的家庭背景不好為由來譏笑他，他的「師傅」說：「會讀書有什麼用，還不是給我這個不會讀書的人當學徒？」年輕人的內心被深深的地刺痛了。他想過一死了之，然而，他並沒有走上絕路。他覺得只要自己發憤努力，未來一定不是這樣的。正因為他把自己的沮喪打包，重新上路，40 歲的他，還能夠從頭開始，學習經商。他沒有被暫時的職場艱難嚇倒，相反迎難而上，在職場中打拚了十多年，終於擁有了一份屬於自己的事業，成為億萬富翁，成為世界知名的企業家。

年輕時的企業家，不要說看到什麼職場的未來，連基本的人格尊嚴都沒有，連溫飽都難以得到保證，可以想像那時他有多麼的沮喪。對於一個人來講，困難並不可怕，暫時的職場挫折也不可怕，可怕的是看不到希望。然而，他戰勝了自己，並

沒有向命運屈服，而是奮發圖強，終於成就了一番了不起的事業。現代職場由於競爭十分激烈，難免會遭受失敗，但問題是如何對待挫折，對待沮喪的情緒，這是每一個走上職場上的人必須認真面對的事情。否則，如果一個人的精神被打倒了，即便你的能力再強，你的職場仍沒有什麼前途。

阿宏在大學裡學的是通訊專業，而且，成績很優秀，工作能力很強。按理說，找到一份工作是不成問題的。然而不巧的是，他大學畢業那年剛好遇上了亞洲經濟危機，許多企業不但不招募新員工，而且還實行減員增效。他到處找工作，錢倒是花了不少，就是沒有找到一份合適的工作。後來，他萬般無奈地回到了家鄉，在家裡人的幫助下，他終於在家鄉一家不起眼的電子企業找到了一份工作 —— 在產業線組裝零件。

一個大學畢業生做一份連高中學歷都不用就可以完成的工作，阿宏感到很沮喪。想想上大學時，是那樣意氣風發，沒想到現實是如此殘酷。不用說理想了，就連生存都成了問題。問題明擺著，他總不能讓父母養自己一輩子。因此對於父母好不容易託關係為自己找來的工作，他雖然心裡很不甘，卻也十分珍惜。於是，他收起了沮喪，踏踏實實地做自己的本分工作。他畢竟是大學生，在這家鄉村公司，他的學歷是最高的，他在產業線工作時，並沒有像一般的農村婦女那樣，一邊說說笑笑一邊漫不經心地做著手中的工作。他是一個有心人，他在做的同時，還在研究著產品。他發現了現有產品有許多問題，如果

好好改造，相信在市場上的競爭力會大幅提高。於是，他悄悄地動手進行了改造，改造後的產品品質果然提高了許多。老闆看了以後，非常開心，便把他調到公司的產品研發部門工作。後來，由於他開發的產品在市場上非常暢銷，公司的業務發展得很好。公司開拓到外縣市，而他也由一個部門經理升為總經理助理。

在這個案例中，阿宏同樣處在職場的低谷，但是他沒有認命，沒有深深地處在沮喪中。因為他知道如果他只是把零件裝配好，他的職場未來就跟這些農村婦女沒有什麼區別。所以，他收起了自己的沮喪，踏踏實實地工作，一心一意地謀取發展。這才成就了他後來的事業。因此，不要為暫時的困難而放棄了一切，要正確地面對一切。收起沮喪，一起都可以重來。

◆ 總結失敗才能掌握未來

職場中永遠沒有的常勝軍，任何人都有可能遭受失敗。不同的是，有的人面臨失敗，不能從失敗的情緒中走出來，而使自己的職場發展遇到了極大的困難；而有的人不僅能從失敗的情緒中走出來，而且還能總結失敗的經驗教訓，於是，他的職場越走越順利，最終成就了一番事業。

美國聯合保險公司有一位推銷員名叫亞蘭。他是這家保險

公司的明星推銷員。有人說，他是個推銷天才，也有人說，他毅力非凡。也許這些說法都有道理，然而，卻不是亞蘭取得職場成功的根本原因。根本的原因是，他從職場的失敗中總結經驗教訓，然後取得成功。

在一個寒冷的冬天，亞蘭出去推銷保單了。在許多個北風呼嘯的日子裡，亞蘭天天都是早早地起床，然而去一條條街道，到一戶戶人家去推銷。雖然從早忙到晚，但是他連一張保單都沒有推銷出去。他是一個意志很堅強的人，他不相信自己就不能取得成就，第二天，他還是信心百倍地去推銷，然而一連許多天都沒有推銷出去一張保單。

他覺得這樣盲目地去推銷，即便是自己再有毅力，都無法取得職場上的突破的。於是，有一天他沒有出去推銷，而是在家裡好好地總結前一段時間以來所出現的問題。看看自己有什麼地方出了差錯，有什麼地方還需要改正。當他想清楚了之後，便滿懷信心地對他的同事說：「你們等著瞧吧！今天我將再次拜訪那些顧客，我將售出比你們售出的總和還要多的保單。」

這一次，他推銷時不再那麼魯莽了。他根據各個顧客的不同情況，採取不同的策略。他跟顧客談話時，更有方法，更有耐心，更加的切合實際。雖然他推銷的區域仍舊是過去沒有取得成功的街區，雖然他拜訪的仍舊是過去曾經拜訪過的客戶，但是這一次情況發生了很大的變化，他竟然在一天之內售出了66張保單。這實在是一個了不起的成就，要知道就在這一天之

前，他每天都要在這個風雪中走街串巷，辛辛苦苦工作 8 個小時，卻始終沒有賣出任何一張保單。而今天，卻在一天中售出了 66 張的保單。他實在是太高興了。

這一次的成功對於他日後的職場發展產生了十分重要的作用。後來，亞蘭成了這間公司的最佳銷售員，再後來他被提升為銷售經理。

在這個案例中，亞蘭之所以能夠取得職場上的成功，那是因為他明白了一個道理：失敗了不可怕，可怕的是每天都重複著同樣的錯誤。在職場中，沒有面對失敗的勇氣是不行的，沒有堅強的毅力是不行的，但是更重要的是，面對過去的失敗若從不好好總結，那就更加的不行了。因為這將意味著你的職場是十分盲目的，而一個盲目的職場員工，是無論如何都不可能有職場未來的。

其實，不光是職場員工必須學會從失敗中總結經驗，公司也很看重員工有沒有失敗的經歷以及員工有沒有及時總結失敗的經驗。因為任何一個人，不管你多麼的優秀，你都會犯錯。面對錯誤，面對失敗，如果能以一個正確的心態對待，這樣的員工的職場之路是很寬的。而公司能夠聘用這樣的員工，對於公司將來的發展也極為有利。

對於一個員工而言，職場上的失敗無法避免，只有學會不停地總結經驗，才能掌握好自己的未來。而對於一間公司來講，也從來沒有永遠興旺的公司。公司在運作的過程中，都有

或多或少的問題，都會造成各式各樣的錯誤。正確面對過失與失敗，也是一間公司所必須面對的問題。所以，公司對於那些有著失敗經驗的員工，也是十分歡迎。不過，公司更看重的是員工對於失敗經驗的反思與總結。

　　所以，無論對於職場來講，還是對於公司來講，都要學會總結失敗，這樣才能掌握好未來。

◆ 衝破職場天花板

　　現代職場充滿了競爭。失敗和成功本是十分正常的事情。問題是如何在失敗中吸取經驗教訓，然後重新再來；問題是如何在目前成功的基礎上取得更大的突破。然而，吸取經驗教訓看起來並不是很難，但是要重新開始卻不容易，能夠取得成功的人就更不多了。而那些已經成功，想要進一步發展的人，常常發現心有餘而力不足，也找不到一個突破口衝破職場的天花板。

　　那怎麼樣才能有所發展呢？請看下面這則故事：

　　非洲大草原是各種動物的天堂，每當太陽從東方升起時，動物們便盡情地奔跑在這片廣闊的大草原上。不過，這只是人類善良的願望罷了。對於動物而言，太陽從東方升起，是表示新的一天已經開始，然而這並不意味著這是多麼美好的事情。

牠們要時時想到保護好自己，所以，看起來是那樣平靜而美麗的大草原，卻處處充滿殺機。

為了生存，獅子媽媽這樣教育自己的孩子：「孩子，不要光想著玩。你要學會奔跑，而且要盡可能地快一點，再快一點。你要是跑不過那最慢的羚羊，你就會被活活地餓死。」所以，當人類看到小獅子在大草原上奔跑時，可不能理解為他們僅僅在遊戲。實際上，牠們在為未來做準備呢。因為現在還可以依靠媽媽為牠們捕來食物，但是將來自己長大了，就要完全依靠自己。牠必須趁媽媽能夠保護牠的這一段寶貴的時間，好好地鍛鍊奔跑的能力。

而在另外一塊場地上，羚羊媽媽卻是這樣教育自己的孩子，「孩子，不要光顧著玩了，你趕快練習奔跑吧。你必須跑得快一點，再快一點，如果你不能跑得比最快的獅子還要快的話，那你就肯定會被牠們吃掉了。」所以，為了生存，羚羊一生下來沒多久，就會站起來。而且很小的時候，牠們就開始練習奔跑。因此，你不要為草原上羚羊奔跑時那優美的身姿而鼓掌叫好，你還要看到牠們是在練習生存的本領。

其實，不管是羚羊還是獅子，牠們在草原上練習奔跑，都不是因為好玩，而是在做精心的準備。只有充分準備了，將來才不至於被獅子吃掉或因為抓不到羚羊而活活地餓死。進一步說，他們精心的準備，才有了羚羊飛奔草原的矯健身姿，也才有了獅子氣勢磅礴的姿態。如果說羚羊經過這麼多年、經過這

麼多代，還在非洲大草原上生存的話，那就是牠們精心準備的結果；如果說獅子是非洲大草原上的無冕之王，那也是牠們從小就做準備的結果。換句話說，做一個有準備的人，成就了牠們的今天。

其實在現代職場中也是這個道理，無論你處在什麼樣的位置，也無論你曾經取得了什麼樣的成績，你的職場發展都取決於你有沒有做好準備。換句話說，一個人如果想突破職場天花板，就要時刻記住做一個有準備的人。

據報導，紐約一家公司被一家法國公司兼併了。公司被兼併後，原來公司的職員都將面臨職場的重大變故。新公司不可能錄取全部人員，而且，原先身處中層和高層的主管，也不可能一一給予安排。所以，那一段時間內，公司裡人心惶惶，不知道新公司會錄取什麼樣的人，也不知道新公司有什麼特殊的要求。他們無從得知任何消息，只能在焦急中苦苦等待。

果然公司新總裁一上任，便宣布了一個讓人意想不到的決定：公司所有員工都要參加公司組織的法語測驗，只有那些透過測驗的員工才有可能被公司繼續留用。公司這個決定一宣布，員工立即傻了眼，因為他們是一家美國公司，員工大多是美國人，英語是他們的母語，會說法語的人很少。這項決定一宣布，他們都急了，然而，在這個找工作十分困難的年代，誰都不想失去這份薪水不錯的工作。為了生存，他們只好紛紛湧向圖書館，希望惡補一下，能通過公司的法語測驗。

　　可是，就在大家昏天暗地學習法語的時候，竟然有一位員工就像什麼事情都沒有發生一樣，悠閒得很，該上班時上班，該下班時下班，而且週日還跟往常一樣帶著家人郊遊。同事們感到很奇怪，難道他不想做了嗎？

　　幾週之後，第一批考試結果公布了。許多人失去了在這家公司工作的機會，因為就這麼幾週的準備時間，要把一門語言學好實在是太難了。然而，讓人意想不到的是，那個在大家眼裡肯定是沒有希望的人，竟然得了全公司最高分。儘管他在這一家公司工作的時間不是很長，但因為他的出色表現，他不但被公司留用，還被公司提拔為部門經理。這讓很多人想不通，他怎麼會考得這麼好呢？他為什麼會被公司破格提拔呢？

　　後來，人們才知道。這名員工剛來到公司時，便發現這家公司的法國客戶很多。公司跟法國之間的聯繫比較多，因為他沒有學過法語，在跟法國客戶交流時，他遇到了很大的困難。許多文件都必須請懂法語的朋友幫忙翻譯，他才能看懂。因為公司的翻譯太少，一旦翻譯忙了起來，他的工作就要停下來。他意識到想要在這家公司長久地做下去的話，就必須懂法語。而且，他相信這雖然是一家美國公司，但是為了業務發展的需求，以及公司發展的需求，公司早晚會要求每一位員工說法語。當他看到了這一點，他來公司不久後，便開始自學法語了。等到這一次公司合併時，他已經能說一口流利的法語了。這一次考試自然能考全公司最高分。

不難看出，這個人之所以能夠留在合併後的公司裡，實際不是因為他有什麼過人之處，而是因為他是一個有準備的人。雖然公司被兼併了，原公司所有員工的職場生涯都要面臨一次大的變故。那些沒有做好準備的人，在這一次職場變故中失去了工作。而他因為早早地做好了準備，所以他不但成功地留任，還在別人有可能失去工作的時候，實現了職場的飛躍發展。他之所以能夠突破職場發展的天花板，那是因為他是一個有準備的人。

其實，古往今來，哪一個成功人士不是有準備的人呢？如果沒有充分的準備，歐巴馬怎麼可能突破職場的天花板，成為美國第一位黑人總統呢？

其實，大到一個國家、一個民族，小到一個企業、一個人，想要成功，想要有所發展都要做好精心的準備。對於職場中的人來講，更是如此。沒有任何人能不透過自己的努力獲取成功，也沒有任何人不經過精心的準備就能獲取成功。要時時記住，成功不是天上隨意掉下來的餡餅，成功永遠不會不期而至。想要突破職場上的天花板，唯一能做的便是做一個精心準備的人。

◆ 堅持學習，不斷提升自己

提到學習，不少人認為那是學生的任務，現在我們都已經走上職場了，不用再像學生那樣學習了。這樣的觀點是錯誤的。身為職場中的人不但要學習，而且還要花力氣去學習。不論年紀的大小，也不論你從事哪一個行業，如果希望職場上有所發展，那就要堅持學習不斷地提升自己。因為只有堅持學習了，才能擴大視野，獲取知識，才能在職場中有長遠的發展，否則的話，不要說職場有沒有什麼長遠的發展，甚至都有可能被這個時代拋棄。

美國有一個著名的大提琴演奏家名叫麥特‧海默維茲（Matt Haimovitz）。在他 15 歲時，他與以色列愛樂樂團合作，在著名指揮家梅塔先生的指揮下，合作演出了他的第一場音樂會。音樂會取得了巨大的成功，在全世界都產生了轟動。這場音樂會在以色列國家電視臺反覆播放。在海默維茲 16 歲時，他又獲得了艾弗里‧費舍職業金獎（Avery Fisher Career Grant）。著名的德國唱片公司跟他簽了獨家發行其唱片的合約。這之後，他還多次獲得唱片大獎、金音叉獎等著名大獎。

然而，就在海默維茲的事業如日中天的時候，令人想不到的是，他突然間音信全無了，幾乎讓人們淡忘了他的名字。他為什麼會在自己的事業最輝煌的時候，突然間消失了呢？是為了急流勇退嗎？不，他是為了事業更好的發展，選擇到美國哈

佛大學進修。因為他知道一個人的事業做得再大，都有一個高原期，若要突破事業的高原期，唯一的辦法便是堅持學習，不斷地提高自己。所以，他回到了校園裡繼續學習。後來，他以一篇貝多芬《大提琴奏鳴曲作品 102》為課題的畢業論文，贏得了哈佛大學的最佳論文獎。事實證明，他的選擇是正確的，這一次學習為他日後成為國際性的大提琴演奏家打下了堅實的基礎。

　　從上面這個案例中可以看出，堅持學習，不斷地提升自己有多麼重要。麥特·海默維茲的成功對於職場中的人也很有啟發。眾所周知，現在是一個知識大爆炸的年代，在大學裡學到的知識十分有限，甚至過不了幾年，便過時了。如果不繼續學習的話，顯然是很難跟上時代發展。所以，每一個走上職場的人，打從跨出學校大門的那天起，就要樹立起終身學習的觀念，要不斷地提升自己，要與時俱進，否則的話，很難在職場上有所成就。

　　阿鵬在大學裡學的是空調設備製造，大學畢業後，到了一家空調設備公司工作。大學期間，阿鵬學習十分刻苦，所以，大學畢業時他專業優異，英語流利。好不容易大學畢業了，應該可以休息一陣子，不用再持續學習，再說他能力已經很好了。然而，他卻不這樣想，從他入職的第一天起，他就制度了詳細的學習計畫。

　　他主要學習三個方面的內容：一是管理方面知識，他訂了

管理相關的報刊。雖然那時候，他還只是一名基層工作人員，管理方面的知識跟他的職場發展暫時還沒有多大關係。但是他覺得，還是多學點為好。職場的發展很難說，這些報刊裡面有許多好的經驗，他可以從中學到許多的東西，雖然現在還用不上，但是等到有機會時，再來學習就晚了。他認為寧可學好知識等待機會，也不能機會來了再等他慢慢地去學習。

他學習的第二個方面是英語，尤其是專業英語術語。雖然他的英文口語不錯，但是空調行業中有較多專業英語術語，因此，他一直沒有放下英語。他還報了英語培訓班。剛開始時，還有時間學習英語，後來，工作忙了起來，實在沒有時間學習了，他就把每天坐公車的時間利用起來學習英語。每天一個多小時的坐公車時間，對於別人來說是那樣的枯燥難熬，而對於阿鵬來說，卻是一個再好不過的學習英語的機會。

他學習的第三個方面是專業知識。他雖然在大學裡學的是空調設備製造，但是這個行業發展得太快了，如果不繼續學習的話，他很快跟不上時代的發展。所以，對於專業學習他一直都沒有停止過。這也為他日後職場進一步的發展奠定了基礎。

因為他一直都在堅持學習，不斷地提高自己，他的職場發展越來越順利，從一名基層的員工，逐步發展到了公司的高層。再後來，他創辦了自己的公司，建立了屬於自己的事業。他曾經就他的這一段經歷說過一段話：

「也許有人認為我取得今天的成功是因為我的機會好，是

因為有人幫助我。這話也不無道理。但是真正幫助自己的人不是別人，而是自己。因為打從我出社會的第一天起，我就意識到，若要在職場上有所成就，就必須堅持學習，不斷地提高自己。不要讓機會等著你，而要讓自己隨時等著機會。後來，當我儲備了足夠的資金和足夠的能力後，我決定自己創業了。因此，我認為我之所以有今天，肯定有朋友的幫忙，但是更主要的原因是我堅持學習，不斷提高自己的結果。」

其實無論是麥特·海默維茲，還是上述案例中的阿鵬，他們都認為堅持學習，不斷地提高自己，才能鑄造輝煌的職場。事實證明，他們的想法是正確的。那麼，如何堅持學習呢？學習要不要有一個計畫呢？以及到底要學習什麼呢？這是很有講究的。

一般來說，從大學畢業那天起，就要根據自己的特長，慎重地制訂職業發展規畫。走上職場後，可以根據職場的具體情況做一個適當調整，但是大體的方向不會有很大的改變。這個職場發展規畫，實際上是一個由低到高，螺旋發展的計畫。也就是說，職場發展的計畫，不是一步到位的，而是根據職場的實際情況，分為幾個階段實施的。每一個階段有應當學習的內容。比如說公司的銷售人員，一般可以設立三個階段：基層人員、部門主管、公司副總裁。在第一個層次的職位打拚的時候，在學好本職工作應該學習的知識技能基礎上，應提前學習下一個職場階段的一些內容，以便日後的職場發展打下基礎。

比如自己還是一個行銷部的基層人員時，不僅要學習銷售方面的知識，還要適當學習一下行銷部主管所應該掌握的管理方面的知識，這樣當自己面臨晉升機會時，你可以從容不迫地進入到下一個職位角色。如果職場的每一個階段都能這樣預設和準備，你的職場生涯就不愁發展了。

總之，想要在職場上有長遠的發展，就必須堅持學習，不斷地提高自己，這樣才有可能使自己的職場之路越走越寬。

第九章
創造力 —— 職場發展最寶貴的能力

這是一個充滿競爭的年代，找到一個職位不容易，守住一個職位就更不容易了。然而，事實上，想要真正地守住一個職位，就必須創造性地工作，以最大限度地提高自己的職場競爭力，這樣才能真正持久地行走在職場上。因此，無論是正要走上職場上的大學生，還是已經走上職場的員工，都需要創造力，因為這是職場發展中最寶貴的能力。

◆ 求職也需要創新

近年來，大學生找工作越來越難了。越來越多的大學生畢業好長時間，都沒有找到合適的工作。與此同時，職場中的許多員工，因為各式各樣的原因離開了原本的公司，重新走上了求職的道路。這樣，就更加劇了就業形勢的惡化。之所以會出現這樣的狀況，既有國家政策方面的問題，也有市場方面的問題，既有產業結構方面的問題，但是更有個人求職方面的問題。

多少年來，人們求職都有「學有所用」的習慣，認為只有找到專業對口的工作，這樣才能算比較滿意的工作。後來，隨著就業形勢進一步的嚴峻，人們放寬了對專業的要求，放寬了對工作地點的要求，放寬了對薪資方面的要求，然而，依然很難找到合適的工作。因此，求職的創新問題已經不可迴避地擺到眾多大學生和二度就業的職場員工的面前了。

那麼，如何才能創新地求職呢？

首先要認清人生的意義和自己畢生所追求的目標。許多大學生剛開始尋找工作時滿懷信心，但是後來他們發現找工作實在不是一件容易的事情。於是，便放寬了對工作的要求，然而，還是很難找到一份合適的工作，於是，便逐漸降低了對工作的要求，一直到只要是一份工作就行，不管做什麼。正因為帶著這樣的心態去找工作，他們的職場追求是盲目的。即便是將來找到了一份工作，也不會像他自己所說的那樣，現在找工作那麼難，我一定很珍惜的。實際上，越是職場形勢不樂觀，越要認清自己的人生意義，認準自己追求的目標，這樣才能找到一份不錯的工作，才能在職場上有所發展。

阿達在大學裡學的是心理學，本以為大學畢業後，能夠找到一份滿意的工作，但是出社會後才發現，幾乎沒有一間公司要心理學方面的大學生。他也試著擴大範圍去尋找，半年過去了，他什麼工作都沒有找到。這時候，他的存款已經快要花完了。他很著急。不過，他想，再著急，也要慢慢地找工作。他就不相信，這麼大的城市就沒有他的立足之地。

一天，他實在太悶了，便到公園走一走。在公園看板上有一個牌子，上面寫著徵求足部按摩師。他想，好歹這也是份工作，看能不能行，要是能行的話，先就業，再圖發展。於是，他收起了大學學歷，用他的高中學歷成功地應徵上了。看起來這一份工作不是很體面，但是薪水也還不錯。不過，這不是他

的職場理想，阿達的心裡很清楚。所以，打從阿達上班的第一天起，他就沒有把自己完全鎖定在一個修腳工的職位上。他覺得自己將來肯定會有發展的。

正因為他認清了自己的人生價值，而且認準了自己的職場目標，所以，每天回家他都沒有放棄學習。工作時，他喜歡一邊給顧客按摩，一邊跟顧客攀談。因為他按摩的技藝不賴，再加上他很和善，對人很熱情，而且懂得東西又多，所以，很多顧客都願意讓他按摩。一來二去，他交了不少的朋友。

一天，他又給一個顧客按摩時，顧客心情不是很好。他便問他遇到了什麼事。因為這個顧客跟他關係很熟了，顧客便把心事告訴了他。原來，他的公司發展得很快，需要徵才，但沒有一個合適的人力資源專家，他一直招不到合適的員工。阿達一聽，這不是自己的專業嗎？自己在大學裡學的是心理學，主攻方向不就是人力資源嗎？這是一個不錯的機會。不過，阿達沒有立即流露出來，而是很在意顧客所遇到的問題。阿達使出了渾身解數，盡可能詳盡地做了解答。這位顧客覺得他說得很有道理，便回去按他說的去招聘員工，發現阿達的方法很管用。於是，這位顧客對阿達產生了好奇心。以後，再有什麼問題，他就打電話向他諮詢，他都得到了滿意的答案。終於，有一天，這位顧客單獨約見了阿達，跟阿達進行了一次長談。這位顧客這才知道，阿達竟然是一名大學生，而且還是人力資源方向的專家。於是，這位顧客熱情邀請阿達到他的公司工作。

不久後，阿達又升任為人力資源部經理。

有人說，阿達的職場成功是很偶然的。這話聽起來有點道理，因為阿達如果沒遇到這個老闆，他的確難以到這家公司上班。但是，話也可以反過來說，如果阿達不是一個有職業夢想的人，不是一個認定了自己人生價值的人，他可能早就自暴自棄了。試想一下，讀了這麼年的書，竟然替人按摩，這要是一般人，他的內心會很平靜嗎？然而，阿達不是。他是積極的準備者，他不但對這個顧客很好，服務熱情周到。其實，他對他的所有顧客都很好，他有許多商界的朋友，遲早有一天他都會得到一個合適的職位。關鍵在於他一直沒有淡忘自己的人生價值，一直沒有放棄自己的職場夢想。他一直在精心地守候著，所以，他取得了職場上的飛躍發展也就不奇怪了。

其次，要做到心裡有數，自己的哪些專長和資源是他人所迫切需要的。

看起來，最了解自己的人是自己，但是事實上，並不是每一個人對自己都是那麼了解。比如在通常情況下，人們都會自然而然地把自己的科系作為自己的專長，然而，這真是自己的專長嗎？其實，在很多情況下，自己的科系恰恰不是自己的專長。試想，你是不是有許多大學同學跟你是同系所畢業，如果他們都把科系當作自己的專長，你的科系和還能算自己的「專」長嗎？再說了，全國有那麼多的大學，有那麼多的學生就讀同個科系，因此對於大多數的大學生來說，科系可能都不是他的專長。

　　而如果從用人的公司來講，要招某一個科系的人才，可以說市場上是比比皆是，他們為什麼一定要錄取你呢？如果他們一定要錄取你的話，那麼你得有跟你同科系的應徵者身上所沒有的東西，而那在很多情況下，才是你的真正的「專長」，因為那是你獨有的東西，並且是公司所迫切需要的。因此，想要充分認識自己，必須從每一個細小的方面入手去認識自己，比如你的交際力、文字功底、你的洞察力或者你的口才等等，從多個方面看一看、比較一下，這樣便能找到你的優勢所在了。

　　總之，求職不能永遠是按部就班地寄履歷，等面試，去就業。應該認準目標，充分挖掘自己的潛能和優勢，打破常規出牌，這樣才有可能為自己贏得好的職場機會，為你的下一步的職場發展奠定基礎。

◆職場生涯需要啟動創造力

　　對於一個企業來講，需要培養企業的創造力，因為如果缺乏創造力，這個企業是走不遠的；對於一個走上職場的人來講，要啟動創造力，因為如果缺乏創造力，他的職場之路是十分狹窄的。所以，走上職場的人要十分注意培養自己的創造力，要時時注意啟動自己的創造力。

　　好立克（Horlicks）是英國的一種飲料。這種飲料的品牌定

位是英國老年人，因為產品定位合適，而且很符合老年人的口味，所以，好立克的市場口碑一直很好，銷量也不錯。但是，任何事情都是不斷發展變化的，老年人的習慣在改變，社會雖然越來越向老齡化方向發展，但是人們的心態卻越來越年輕。很顯然，好立克在不斷變化的今天，它的品牌定位發生了一些問題。從而導致了近年來銷量不斷下降。如果繼續任憑其發展下去的話，這個品牌很有可能被邊緣化，而生產這個品牌的飲料生產商，必將面臨著巨大的打擊。因此，好立克飲料生產公司便著手考慮透過公關活動挽救產品的命運。

公關部門透過市場調查後發現，如果僅僅是簡單地做電視、報紙廣告，即便花了大量的資金，也很難改變好立克在消費者心目的品牌定位，也就說，公司還是無法挽救好立克的銷售頹勢。於是，公關部門經過認真研究後，一個極富有創造力的廣告方案出現了。

首先，公司想盡一切辦法，說服了倫敦的一些時尚酒吧和餐館，在他們的功能表上列上好立克飲品。接下來，公司向時尚媒體大肆「透露」了「倫敦一些時尚酒吧正在向年輕人銷售好立克 s 牌飲料」的「重大新聞」。

很顯然，這是公司刻意製造的「飲料事件」。眾所周知，西方媒體對於新奇的事件非常關注，當時不要說眾多媒體把這一公關案例當成了重要的新聞來報導，就連純學術性的報紙上竟然也刊登了有關「好立克牌飲料出現在倫敦時尚酒吧裡」的文

章。很顯然，這一個極富創意的公關活動取得了極大的成功，好立克牌飲料立即銷量大增。

在這個案例中，不難看出，飲料還是以前的飲料，但是公關前和公關後，竟然是冰火兩樣情。這可見創造力對於一個公司的發展是多麼的重要。這方面的案例還有很多，凡是有創造力的企業它們的生命力都比較強，反之，沒有創造力的公司，即便能夠取得一時的輝煌，也不可能持久。

這對於職場上的員工來說，也很有啟發。一個員工走上職場，如果只能按部就班地完成上司交給你的任務，即便你很踏實，你的職場前景也是有限的。而想要在職場生涯中有遠大的發展，就要時時注意培養自己的創造力，時時注意啟動自己的創造力。

請看下面的一個案例：

瓦西達原本是一個非常普通的人，當年她在英國某一地方政府工作。後來，她做的一件事情徹底改變了她的職場生涯。有一天，她接到了一個工作任務，她需要為一個部門策劃媒體宣傳報導。她接到這個任務後，便立即著手這件事情。她首先來到了這個部門，她發現這是個收藏了很多藝術品的中心。本來，藝術品是人類文化的精華所在，然而，當時的問題是這家收藏了眾多藝術品的部門，竟然在英國幾乎無人知曉，真是可惜了這個部門裡收藏的眾多藝術品。

可是，該怎麼給這個毫無知名度的部門策劃媒體方案呢？這

令瓦西達很煩惱。她一邊仔細查看每一件藏品，一邊想著策畫方案。忽然，她發現了一個特殊的收藏品——一件來自非洲的古老部落的面具。據該部門的工作人員說，這是一位已故探險者送給該市的禮物。這個禮物很特別，因為看起來很像英國前首相柴契爾夫人。

瓦西達靈機一動，何不從這個面具上做一點文章呢？於是，她拍下這個面具，並把照片發給了很多媒體。各大媒體收到這個酷似「柴契爾面夫人」的照片後，立即感到很有新聞價值，於是幾乎所有的英國媒體，以及世界各地的很多報紙和電視臺都爭相報導了這件事。「柴契爾面具」引起了極大的轟動效應。結果，這個幾乎無人知曉的藝術品中心，竟然一夜之間成了這座城市最繁忙的部門。有的向該部門索要、租借藝術品，有的希望來這個部門參觀，甚至連美國最大的好萊塢電影製片廠也派人來到了這個部門。在這個部門一夜成名的同時，瓦西達也成名了。可想而知，她未來的職場之路會怎麼樣了。

在這個案例中，藝術中心，還是以前的藝術中心，只因為一個很有創意的策畫，便很快聞名全球。同樣瓦西達原本並不是很有名氣，但是僅僅因為這個很有創意的策畫，她便聞名全球了。這足以看出，創造力對於一個人的職場發展有著多麼大的作用。

因此，在現代職場中最重要的能力是創造力。不要看自己現在還是那麼的不起眼，只要你能夠啟動自己潛在的創造力，你的職場便會以你想像不到速度發展。

◆ 創造力的幾大障礙

　　人是極富有創造力的動物，尤其小時候，但是當人慢慢長大後，人的創造力便慢慢減弱了，甚至沒有了。然而，這並不表明人的智力退化了，人的創造力的減弱，大多數情況下，是工作經驗、工作環境的負面影響所造成的。也就是說，如果一個人能了解是哪些障礙影響了人的創造力的發揮，他是可以透過某種辦法激發自己的創造力。那麼影響人的創造力的發揮都有哪些障礙呢？

從眾思維

　　從眾思維源於一種人類的自我保護意識。跟著他人走，如果別人的話是對的，別人所做的事情是對，你必然從中得到一些好處；如果別人說的話是錯誤的、做的事情是不對的，雖然自己也跟著錯了，但是因為不是一個人的失誤，心裡也不是很難過。而且，這樣的思維讓自己跟大家保持一致，而使自己不致於感到很孤獨。

　　在職場中有這樣的思維的人很多，如果對了，對自己有好處，錯了也不用自己一人承擔重任。然而，這樣的心理在現代職場中容易制約職場發展。因為相同的人很容易找到，而不同的人，尤其是思維創新的人在職場中是不常見的。

權威思維

華人的教育從總體上來說是崇尚權威的，從小學教育開始，學生便接受權威教育思想：書上說的都是正確的，老師說的都是對的，偉人說的都是對的。在這樣的思維暗示下，走上職場後，年長的員工說出的話都是有道理的，上司的意見都是有遠見的，久而久之，你便在職場中失去了自我，變得可有可無。瑩瑩在家是一個乖乖女，到了職場上，對於同事的意見，從來都認為是正確的，對於上司的看法從來都不加懷疑。雖然她工作認真踏實，但是因為她實在沒有自己的主見，所以，她一直得不到提拔，因而感到很苦惱。她一直以為是自己沒有機會，其實，她不知道，即便是有機會，她未來的職場之路，也不可能有什麼好的發展。

依循思維

在職場中，一個完全沒有經驗的員工不受老闆，因為一個沒有經驗的員工，老闆不但要花很大的力氣去培訓，而且新手的成本也比較高，所以老闆招聘時會希望員工都有兩年以上的經驗。但如果太過依循老思維，老經驗的話，對於職場的發展是不利的。

有一家家電公司要開拓一個新的市場。一般情況下，開拓新市場都是先抓住大的用戶，然後再逐步細分市場。這家公

司，開拓新市場時也是這麼做的。然而，不久後他們便發現憑老經驗是無法打開市場的。因為早在這家家電企業進入這個新市場之前，已經有數家家電公司成功進入了市場。市場上的大用戶，早已經被先前來的家電企業瓜分了。好在他們及時發現了問題，調整了工作思路，從小的客戶和零散的客戶入手，才逐漸進入了這個新的市場。可見，依循思維對職場發展還是很有影響的。

書呆子思維

　　人不能不讀書，書畢竟是人類文化的結晶。然而，如果讀書太多，而且被書本思維完全束縛住的話，對於自己的職場發展同樣也很不利。因為任何一種理論都無法跟現實完全吻合，如果完全相信書上所說的話，那麼你在工作中就很有可能犯教條主義的錯誤。

　　濤濤在大學裡是一名成績很優秀的學生，他做什麼事情都有條有理，什麼時候到他的宿舍裡都是整整齊齊的，什麼時候檢查他的工作都是一絲不苟的，這本來是他的優點。但是他把這一切都做過了頭，他做什麼事情都要到書上尋找依據。工作中出現了問題，他一定要到書上找到問題的答案。然而，他不明白的是，現實生活是書本所永遠都無法窮盡的。書上的理論再好，也不能放之四海而皆準。上司為這件事，跟他說了好幾

次。他還是不聽。直到有一次,公司讓他設計圖紙時,他不顧實際情況已經發生了變化,還是死板教條地按照書上理論去設計,結果造成公司巨大的損失,他因此失去了工作,還為此背上了沉重的債務。這可見書呆子思維對職場發展的負面影響有多大。

自我中心思維

每個人由於生長環境不同,所受到的教育不同,情感經歷不同,工作經歷不同,每個人的心裡都有著屬於自己的獨特經驗、個性和價值觀。在職場中按照自己的經驗行事,按照自己的理解思考問題,這本是無可厚非的事情。不過,如果老是不自覺地以自己的思維去思考別人的話,那就很不合適了。因為很顯然,別人也有自己的思維,也有自己的價值觀。在職場中,無論從事任何職位都不可能是一個人在工作,而且他所面對的也絕不會是一個人。這樣以自我為中心的思維,在職場中實在要不得,因為這會造成你跟別人無法溝通。試想,如果都無法溝通了,你的職場生涯還能良性發展嗎?

◆ 創造力的培養

創造力在職場發展中的重要性是不言而喻的，那麼該如何培養創造力呢？一般來說有幾種辦法比較實用：

對任何事情都要學會提出疑問

生活中的經驗許多時候不是很可靠，看起來一點問題都沒有，而實際上卻是問題多多。只不過，依循守舊的人是發現不了問題的，只有對什麼都保持質疑態度的人，他才有可能發現問題。事實上，也只有這樣的人才有創造力。

某間家電企業冰箱做得很好，但是在進入美國大學生這個細分市場時，卻發現無論怎樣進行促銷，都無法打入市場。這間公司感到很奇怪，他們的冰箱品質是世界公認的，為什麼就不能進入大學生市場呢？於是，他們立即派人進入美國大學生族群進行調查。原來，美國大學生不是不想買該品牌的冰箱，而是因為該品牌的冰箱大都是家用的，一般體積比較大。而大學生大都住的是集體宿舍，集體宿舍的空間比較小，放不下這麼大的冰箱，即便是勉強放下了冰箱，就放不下書桌了。大學生的抱怨，立即引起了高層的重視。高層想，為什麼不可以把書桌跟冰箱結合起來製作呢？這是一個世界冰箱製造企業都沒有想到過的創意，但是公司在經過大量的市場調查後，很快設計出結合書桌的微型冰箱。這種冰箱一經推出，便立即獲得了

美國大學生的歡迎，結果，該品牌冰箱順利地打開了美國大學生市場。

在這個案例中，這間公司之所以能夠打開美國大學生的細分市場，源於該品牌的創新設計。一個別人打破腦袋都想不出來的方案，不僅獲得了認可，而且獲得了可觀的經濟效益。這一切完全得益於懷疑一切的創新思維，得益於該公司員工和公司非凡的創造力。

走進想像的世界

人生活在現實之中，但是人的思維可不能完全生活在現實之中，如果長此以往，你的創造力就會隨著你越來越實際、越來越現實，而慢慢斷送了。身為一個職場中的人，如果失去了創造力，便意味著你的職場發展的後力在慢慢地消失。

阿琴在大學裡學美術設計，但是進入社會後，才發現學習美術設計的人實在是太多了。她雖然很優秀，但是市場對於美術設計專業的需求早已飽和了。她苦苦尋找了一年都沒有找到一份合適的工作。後來，為了生存，她只好託人到一家垃圾回收站應徵到了一個職位。她的工作是整理廢舊的輪胎。這份工作讓她很無奈，不過，她並沒有灰心喪氣。她一直在尋找著職場的突破口。有一天，他看到同事用一個廢舊的布料做了一個小包很好看。她靈機一動，如果用廢舊的輪胎做一些女孩子

用的小飾品，說不定會很有市場。於是，她便在家裡設計，先後用廢舊輪胎製作了錢袋、腰包、掛包等等，結果到市場上銷售，立即受到女孩的歡迎。阿琴看到了巨大的商機，乾脆辭掉了垃圾回收站的工作，自己做起了廢舊輪胎的小飾品，取得了職場上的巨大成功。

在這個案例中，很顯然阿琴的成功得益於她的大膽想像。如果她還是循著以前的職場之路走下去，說不定她還在垃圾回收工作呢。

互動思考法

一個人的能力畢竟有限，一個人的創造力也有限，但是如果能夠利用互動思考法，讓所有的人的思維都動起來的話，無論對於公司，還是對於個人來講，都是非常有利的。

有一家 IT 公司的老闆非常看重員工的創造力，於是，他就想方設法鼓勵員工進行創造性的思維。他的做法是，每天下班後，他都在一間大的活動室裡放了許多的零食、水果，還預備了茶水、電視等。他歡迎員工到這間活動室裡來休閒，歡迎員工隨意發表看法，越是怪誕越好，只要有創意老闆都十分歡迎。如果誰的創意被老闆採納了，將立即獲得一筆不菲的獎金。所以，員工下班後，都願意到這裡來坐坐。有事沒事都來看看，發表一些對公司的看法，說一說自己的想法。由於大家

都在一起隨意地說，說不定你的想法啟發了我，或是我的思想啟發了你，這樣在不經意間，員工們提出了好多有創意的點子，對公司的發展產生了很大的作用。

在這個案例中就是運用互動思考的辦法，來激發員工的創造力。其實，這就是俗話所說的「三個臭皮匠勝過一個諸葛亮」。說法不一樣，但道理是一樣的。

官網

國家圖書館出版品預行編目資料

逃離「資本家遊戲」，懂玩才能立足職場：溝通
執行 × 交際合作 × 決策競爭 × 發展創造，一
秒打造完美即戰力，在高科技時代裡不被輕易代
替！／胡彧 著 . -- 第一版 . -- 臺北市：財經錢線
文化事業有限公司 , 2023.06
面；　公分
POD 版
ISBN 978-957-680-653-7(平裝)
1.CST: 職場成功法
494.35　112007387

逃離「資本家遊戲」，懂玩才能立足職場：溝通執行 × 交際合作 × 決策競爭 × 發展創造，一秒打造完美即戰力，在高科技時代裡不被輕易代替！

臉書

作　　　者：胡彧

發 行 人：黃振庭

出 版 者：財經錢線文化事業有限公司

發 行 者：財經錢線文化事業有限公司

E - m a i l：sonbookservice@gmail.com

粉 絲 頁：https://www.facebook.com/sonbookss/

網　　　址：https://sonbook.net/

地　　　址：台北市中正區重慶南路一段六十一號八樓 815 室

Rm. 815, 8F., No.61, Sec. 1, Chongqing S. Rd., Zhongzheng Dist., Taipei City 100, Taiwan

電　　　話：(02)2370-3310　　　傳　　　真：(02) 2388-1990

印　　　刷：京峯彩色印刷有限公司（京峰數位）

律師顧問：廣華律師事務所 張珮琦律師

定　　　價：350 元

發行日期：2023 年 06 月第一版

◎本書以 POD 印製

獨家贈品

親愛的讀者歡迎您選購到您喜愛的書，為了感謝您，我們提供了一份禮品，爽讀 app 的電子書無償使用三個月，近萬本書免費提供您享受閱讀的樂趣。

ios 系統　　　　　　安卓系統　　　　　　讀者贈品

請先依照自己的手機型號掃描安裝 APP 註冊，再掃描「讀者贈品」，複製優惠碼至 APP 內兌換

優惠碼（兌換期限 2025/12/30）
READERKUTRA86NWK

爽讀 APP

- 多元書種、萬卷書籍，電子書飽讀服務引領閱讀新浪潮！
- AI 語音助您閱讀，萬本好書任您挑選
- 領取限時優惠碼，三個月沉浸在書海中
- 固定月費無限暢讀，輕鬆打造專屬閱讀時光

不用留下個人資料，只需行動電話認證，不會有任何騷擾或詐騙電話。